BIM/CIM モデル活用を広げる最新技術

BIM/CIM ワールド

監修：家入 龍太　　編著：フォーラムエイト

※本書に掲載されている社名、製品名は一般に各社の商標または登録商標です。

まえがき ～発刊にあたって

　皆さんはフォーラムエイトという会社をご存じでしょうか？

　1980年代後半から、土木構造物の基礎や擁壁といった様々な分野の設計ソフトを地道に開発、販売し、実務の最前線で働く技術者の仕事をサポートしてきました。

　80年代後半、私も大学院を出て鉄鋼会社に就職したばかりでしたが、フォーラムエイトの設計ソフトで設計計算書や検討書を作っていたことを思い出します。

　フォーラムエイトはその後、UC-win/Roadというバーチャルリアリティソフト（VR）や、ドライビングシミュレータ、ドローンなどハードウェアと連携した様々な3次元システムを開発してきました。今では従来からある設計ソフトなどの伝統的なソフトも3次元化し、BIM/CIMソフトとの連携が図れるようになっています。

　この本は、フォーラムエイトの技術力やソリューションを使って、同社製品のみならず様々な製品のユーザが、BIM/CIMをさらに幅広く活用するために企画されました。CGによるプレゼンや図面作成にとどまらず、様々な解析やシミュレーション、VRを組み合わせたリアルな表現、BIM/CIMのデータをハードウェアに連携させるなど、これまでにない活用方法やアイデアが満載です。

　執筆を主に担当したのは、ソフト開発の最前線で活躍するフォーラムエイトの技術者や営業担当者です。編集やレイアウトも社員の手で行いました。随所にちりばめられたソフト、ハードの活用事例は、国内外の多数のユーザからご提供いただきました。フォーラムエイトのユーザや社員の皆様のご協力に心より感謝いたします。

　この本が、日本の「BIM/CIMワールド」を広げる一助になることを願っています。

2016年11月吉日

監修者　建設ITジャーナリスト　家入龍太

目次 contents

第1章　建設業に革命を起こしたBIM/CIMとは

1-1　BIM/CIMとは何か・・・ 8

1-2　3次元モデルでまず設計 図面は3次元の副産物・・・・・・・・・・・・・・・・・・・・ 11

1-3　建造物のデータベースを内蔵 モデル内に部材の仕様を保持・・・・・・・・ 13

1-4　いつから使われ出したか BIM元年は2009年、CIMは3年遅れ・・・・・・・・ 15

1-5　BIM/CIM適用プロジェクト 新築からリニューアルまで幅広く活用・・・・・・ 17

1-6　メリットは何か 設計・施工の可視化で生産性を向上・・・・・・・・・・・・・・・・ 19

1-7　設計用ソフトのいろいろ 重視する機能は製品で異なる・・・・・・・・・・・・・・ 21

1-8　解析・シミュレーション用ソフト BIM/CIMモデルを解析に活用・・・・・・・・ 23

第2章　BIM/CIMを図面、CG以外に活用しよう

2-1　ウォークスルーに活用 設計した空間を歩いてみる・・・・・・・・・・・・・・・・・・ 32

2-2　干渉チェックで手戻りのない施工・・・・・・・・・・・・・・・・・・・・・・・・・・・・・・・・ 35

2-3　日影シミュレーション 周囲からの日照影響も検討・・・・・・・・・・・・・・・・・・ 38

2-4　3Dプリンタ模型はBIM/CIMでもっと活用できる・・・・・・・・・・・・・・・・・・・ 41

2-5　BIM/CIMを環境配慮に役立てる エネルギー解析での活用・・・・・・・・・・ 46

2-6　交通や工事の影響は? モデルを騒音解析に活用・・・・・・・・・・・・・・・・・ 50

2-7　構造解析・・・ 52

2-8　3次元モデルで自動数量集計・・・・・・・・・・・・・・・・・・・・・・・・・・・・・・・・・・ 55

2-9　バーチャルリアリティBIM/CIMモデルを仮想体験・・・・・・・・・・・・・・・・・・・ 59

2-10 施工シミュレーション 施工工程の検証や理解に活用・・・・・・・・・・・・・・・ 61

2-11 BIM/CIMモデルのデータ交換方法・・・・・・・・・・・・・・・・・・・・・・・・・・・・・・ 64

第3章　BIM/CIMモデルを生きたVRシステムに進化させる

3-1　いざというときに役立つ津波ビル・・・・・・・・・・・・・・・・・・・・・・・・・・・・・・・・ 72

3-2　バスターミナル周辺の交通安全 交通流を表現する・・・・・・・・・・・・・・・・・ 77

3-3　2車線を1車線化した商店街の未来像 まちなみの変化を表現・・・・・・・・・・ 79

3-4　土石流を食い止める砂防施設・・・・・・・・・・・・・・・・・・・・・・・・・・・・・・・・・・ 83

第4章 BIM/CIMモデルでシミュレーションしよう

4-1 土木設計ソフトを利用し詳細なCIMモデルを自動生成 ・・・・・・・・・・・・・ 88

4-2 動的構造解析ソフト ・・ 91

4-3 地盤の弾塑性解析ソフト ・・・・・・・・・・・・・・・・・・・・・・・・・・・・・・・・・・・・・・ 94

4-4 地すべり解析ソフト ・・ 98

4-5 エネルギー解析ソフト ・・・・・・・・・・・・・・・・・・・・・・・・・・・・・・・・・・・・・・・ 102

4-6 騒音解析ツール ・・ 108

4-7 避難解析シミュレーション ・・・・・・・・・・・・・・・・・・・・・・・・・・・・・・・・・・・ 110

4-8 洪水解析シミュレーション ・・・・・・・・・・・・・・・・・・・・・・・・・・・・・・・・・・・ 115

4-9 津波解析シミュレーション ・・・・・・・・・・・・・・・・・・・・・・・・・・・・・・・・・・・ 117

4-10 土石流解析シミュレーション ・・・・・・・・・・・・・・・・・・・・・・・・・・・・・・・・・ 119

4-11 スパコンで大規模処理 解析シミュレーション、高精度レンダリング ・・・・・・ 123

4-12 車両軌跡・駐車場設計とVRシミュレーション 作図したコースを運転 ・・・ 125

第5章 BIM/CIMモデルを機器やクラウドとつなごう

5-1 設計された道路をドライブシミュレータで運転 ・・・・・・・・・・・・・・・・・・ 132

5-2 街中の風をリアルに体験 模型とVRとファンの融合システム ・・・・・・・・・・ 136

5-3 無人運転車をBIM/CIMモデルでテスト 自動運転・安全運転支援 ・・・・・・・ 138

5-4 プロジェクションマッピングを制作・実施する ・・・・・・・・・・・・・・・・・・ 140

5-5 点検用ドローンの飛行をコントロールする ・・・・・・・・・・・・・・・・・・・・・ 143

5-6 BIM/CIMモデルを使った維持管理 ・・・・・・・・・・・・・・・・・・・・・・・・・・・・ 146

5-7 タブレットとARによる図面レス施工管理 ・・・・・・・・・・・・・・・・・・・・・・ 148

5-8 土量計算システム ・・ 150

5-9 デザイン・レビュー・クラウド ・・・・・・・・・・・・・・・・・・・・・・・・・・・・・・・ 152

5-10 自主簡易アセスと環境解析・シミュレーションソフト ・・・・・・・・・・・・・ 156

5-11 Arcbazar+ProjectVR ・・・・・・・・・・・・・・・・・・・・・・・・・・・・・・・・・・・・・・・ 161

第6章 BIM/CIMを支える技術力 ～フォーラムエイトの最新技術～

6-1 i-Constructionにも合致 IM&VRソリューション ・・・・・・・・・・・・・・・・・・ 168

6-2 Allplanは連携上手 ・・・ 170

6-3 進化し続ける技術力 ・・・・・・・・・・・・・・・・・・・・・・・・・・・・・・・・・・・・・・ 176

6-4 世界の頭脳集団「World16」 ・・・・・・・・・・・・・・・・・・・・・・・・・・・・・・・・・ 178

6-5 建設事業の総合的なサポート ・・・・・・・・・・・・・・・・・・・・・・・・・・・・・・ 181

6-6 CIMワークフローに対応するソフト ・・・・・・・・・・・・・・・・・・・・・・・・・ 183

6-7 フォーラムエイトが広げるBIM/CIMワールド ・・・・・・・・・・・・・・・・・・ 186

あとがき ・・ 192

さくいん ・・ 196

参考文献 ・・・ 198

1 建設業に革命を起こした BIM/CIMとは

建築分野のBIM、土木分野のCIMとは、それぞれ従来の図面や紙の資料に代わって、パソコンの中に建物や土木構造物の外観や内部構造、設備などを忠実に再現した3Dモデルを作りながら設計や施工管理、維持管理を行う手法です。日本の建設業界でBIMが急速に使われ出したのは2009年で、日本の"BIM元年"と呼ばれます。

1 BIM/CIMとは何か

建築分野のBIM（ビルディング・インフォメーション・モデリング）、土木分野のCIM（コンストラクション・インフォメーション・モデリング）とは、それぞれ従来の図面や紙の資料に代わって、パソコンの中に建物や土木構造物の外観や内部構造、設備などを忠実に再現した3Dモデルを作りながら設計や施工管理、維持管理を行う手法です。

図1　建物のBIMモデル（左）と橋脚のCIMモデル（右）

コンピュータで3Dモデルを作りながら設計

　これまで設計ツールとして使われてきた図面は、3次元の形をもった建物や土木構造物をいろいろな方向や角度、切り口から見た状態を、2次元の図形で表現するものです。それに対してBIM/CIMは、パソコン上に実物と同じ形や構造、大きさで3次元の仮想の建物や構造物を作って表現します。いわば、仮想の模型をパソコン上で作りながら設計を進めていく手法です。BIM/CIM用のソフトは、フォーラムエイトを含めて日本国内では数社から発売されています。

BIM/CIMは外から見える部分のほか、柱や梁、鉄骨、配管、空調ダクト、そして鉄筋など、壁やコンクリートの中に隠れたところまで忠実に3次元でモデル化します。いわば実物同様の建物や土木構造物をコンピュータ上で電子的に建設したものです。目に見える表面の部分だけを3Dで作ったCG（コンピュータグラフィックス）とは、中身の精密さが違います。

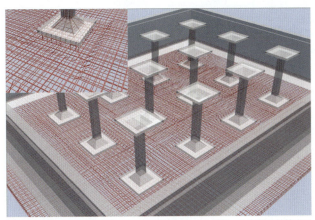

図2　Allplanによる配水池のCIMモデルの例。コンクリート内部の鉄筋まで忠実にモデリングされている

部材の仕様を表す「属性情報」を内蔵

　BIM/CIMモデルを構成する部材の1つ1つには「属性情報」というデータがインプットされています。ここが単なる3次元CADや3次元デザインソフトなどとの大きな違いです。

　この属性情報を手がかりにして、コンピュータはBIM/CIMモデルに含まれる各部材の種類を区別することができます。そして床面積やコンクリートボリュームを計算したり、ドアの数量を数えたり、図面上に設備の型番やメーカー名などを表示させたりすることもできます。

　さらに、他のソフトでBIM/CIMモデルを入力データとして活用することもできるのです。

第1章 建設業に革命を起こしたBIM/CIMとは

図3 BIM/CIMモデルの各部分には3次元形状とともに部材の種類や名称、材質などの「属性情報」がインプットされている（画像：Allplan）

10

2 3次元モデルでまず設計 図面は3次元モデルの副産物

これまでの設計作業は、構造物の平面図や立面図、断面図などの2次元図面を1枚ずつ作図していました。BIMやCIMを使った設計ではまず、実物の建物や土木構造物と同じような3次元モデルを作り、図面は3次元モデルを様々な断面や視点で切り出すようにして作図します。

図面は3Dモデルから切り出して作る

BIM/CIMモデルは隠れた鉄筋や配管まで忠実にモデル化してあるので、ある高さで水平方向に切断するとその断面上にある鉄筋や配管、裏ごめ土などの断面が現れ、「平面図のもと」になります。その上に寸法線や注釈などを追加して作図すると、平面図が完成します。

同様に、3次元モデルを外から水平に見た視点で投影すると「立面図のもと」、鉛直方向に切断すると「断面図のもと」になりますので、これらに図面の要素を追加して仕上げていきます。

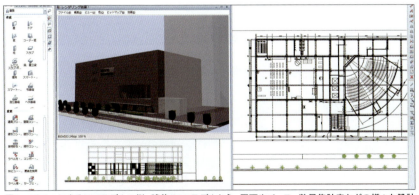

図4　AllplanによるBIMモデルの例。建物の3Dモデルから、図面やパース、数量集計表などの様々な設計図書を作成できる

つまりBIM/CIMソフトを使った設計作業では、3次元モデルの作成がメーンとなり、図面はその"副産物"となります。

図面間の整合性は自動的に確保

従来の2次元CADを使った設計作業では、平面図や立面図、断面図などを別々に作っていくので、ドア、窓の位置や枚数が図面間で異なるといった不整合が発生しがちでした。その点、BIM/CIMソフトは1つの3次元モデルから各図面を切り出すので、自動的に図面間の整合性が確保できるというメリットがあります。

BIM/CIMのモデルからは、仕上げ表や建具表、材料表などの数量集計表も自動的に作成できます。また、設計を修正する場合も、もとの3次元モデルを修正すれば、各図面にもその修正内容が自動的に反映されます。

そのため、図面チェックの際、図面間で整合性がとれているかという確認は不要になります。

CGパースやアニメも簡単に作れる

BIM/CIMモデルを斜め方向から見るとCGパースになります。紙のパースと違って視点の位置や角度を変えるだけで、好きなだけCGパースが作れます。連続的に視点を変えると、実際の構造物の周りを歩いたり、飛び回ったりするような「アニメーション」も作れます。

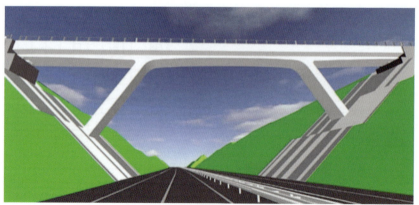

図5　CIMモデルから作成した橋梁のCGパース（資料：パシフィックコンサルタンツ）

3 建造物のデータベースを内蔵 モデル内に部材の仕様を保持

BIM/CIMモデルが単なる3次元モデルと違うのは、3次元モデルに材質や仕様、メーカー名などを表す「属性情報」が内蔵できることです。属性情報のおかげで図面作成や数量計算、解析などを自動化でき、業務効率が向上します。

「属性情報」は建造物のデータベース

建造物の形や構造などを3次元で忠実にモデル化するのは、一般の3次元CADでもできます。では、BIM/CIMは何が違うかというと、ドアや壁、鉄筋やPCケーブル、排水管など建造物を構成する部材一つ一つに「属性情報」（プロパティ）というデータがインプットされていることです。

例えば2次元CADでコンクリート板を表すとき、2本の線で表現しますが、コンピュータにはそれが鉄筋なのか配管なのかは区別できません。その点、BIM/CIMモデルには「鉄筋」「配管」といった建造物の部材を区別できる属性情報が入っていて、コンピュータが部材を区別して扱えるのが特徴です。

属性情報には部材の材質や型番、メーカー名など、必要に応じていろいろなものを入れることができます。

コンピュータは属性情報を手がかりに鉄筋の太さごとに長さを計算したり、コンクリートの体積を集計したり、図面上に鉄筋径や部材のメーカー名などを表示させたりすることができます。

解析ソフトなどの入力データに

BIM/CIMモデルは属性情報を持っているので、構造解析や温度応力解析など他のソフトの入力データとしてそのまま使えます。例えば、鋼橋の主桁や横主桁、吊りケーブルなど部材に属性情報として断面係数や鋼材のヤン

グ率などを入力しておくと、構造解析ソフトはBIM/CIMモデルから各部材の長さやヤング率を読み取り、入力データを自動的に作れます。温度応力解析の場合は、部材の属性情報に熱伝導係数や熱膨張係数などをBIM/CIMモデルに入力しておくと、解析ソフトが必要な建造物の大きさや熱伝導係数などをBIM/CIMモデルから読み取って、解析が行えます。

　要するに、BIM/CIMモデルに属性情報を入れておくと、他のソフトで解析などを行うときにそのまま入力データとして使えるのです。紙図面のように、解析ソフト用に再度、建造物のモデルを作る手間がいらなくなります。属性情報をうまく使うことで飛躍的な作業効率のアップが図れます。

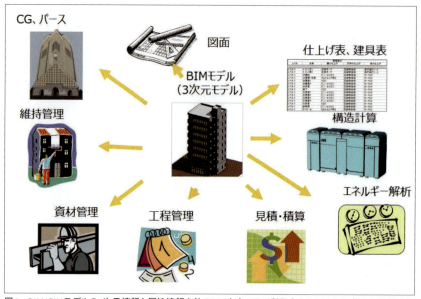

図6　BIM/CIMモデルの3次元情報と属性情報を他のソフトウエアで利用することにより、様々な解析やシミュレーションが効率的に行える

4 いつから使われ出したか
BIM元年は2009年、CIMは3年遅れ

日本の建設業界でBIMが急速に使われ出したのは2009年で、日本の"BIM元年"と呼ばれます。また、CIMは2012年から国土交通省の試行プロジェクトで使われ始めました。これらの時期より前から、BIM/CIMと同じような発想で3次元CADの使い方をしていた企業や技術者もいます。

2009年は日本の"BIM元年"

　日本の建設業界でBIMという言葉が知られ始めたのは2007年ごろでした。当時、米国の建築業界ではBIMブームが起こっており、日本でもBIMに関するセミナーやシンポジウムが開かれるようになりました。

　そして2009年を迎えると、BIMに関する書籍やムックが数冊発行され、BIMを導入する企業やユーザもこの年を境に急増し始めました。そのため、2009年は日本の"BIM元年"と呼ばれています。

2012年は日本の"CIM元年"に

　一方、CIMという言葉は、国土交通省技監（当時）の佐藤直良氏による造語です。2012年4月13日に東京で開催された日本建設情報総合センター（JACIC）主催のセミナーで講演した佐藤氏は「建築分野で成果を上げているBIMを土木分野でも導入しよう。建築と土木のBIMを合わせてCIM（コンストラクション・インフォメーション・モデリング）と呼び、用語や材料のライブラリーも統一してはどうか」と提案しました。これがCIMという言葉が広まり始めたきっかけです。同年10月には早速、国交省のCIM試行プロジェクトも始まり、以来、CIMを導入する建設コンサルタントや建設会社が急増しているようです。2012年こそ、日本の"CIM"元年といえそうです。

図7 2012年4月13日に開催されたJACIC主催のセミナーで国交省の佐藤直良技監(当時)は「CIM」の概念を提唱した(写真:家入龍太)

2016年度からの「i-Construction政策」でCIMが急追

　土木分野のCIMは建築分野のBIMを3年遅れで追いかけていることになります。しかし、CIMは建築分野で培ったBIMソフトの活用技術やノウハウ、経験などを"いいとこ取り"できる立場にあるので、建築分野に比べて普及や活用がスピーディに行えるメリットがあるといえます。

　石井啓一国土交通大臣は、2015年11月24日の記者会見で「建設現場の生産性向上に向けて、測量、設計から、施工、さらに管理にいたる全プロセスにおいて、情報化を前提とした新基準を来年度より導入する」と語りました。そして、この取り組みを「i-Construction」と名付けました。

　そして国交省では2016年度からi-Construction政策が始まり、CIMのほかICT(情報通信技術)で制御するICT建機や測量機を使った情報化施工や、ドローン(無人機)を使った測量などを積極的に導入しています。

　CIMはi-Constructionの中で測量や設計、施工、検査を担う3次元データとして、中核的な役割を担っています。その効果もあり、CIMは急速に土木分野に広がり、BIMを急追しています。

5 BIM/CIM適用プロジェクト
新築からリニューアルまで幅広く活用

BIM/CIMが設計、施工に活用された建物や土木構造物は、新築・新設の建造物からリニューアル工事まで、多岐にわたります。土木分野では山岳トンネルから橋梁、河川、港湾と、形や機能が大きく異なる構造物まで幅広く活用されています。

効果的に適用しやすい新築・新設の建物

　新しくビルや土木構造物を建設するときは、制約条件となる既存の建造物との干渉が少ないので、BIMを最も効果的に使いやすい条件となります。そのため、新築ビルのデザイン検討や意匠設計にBIMは以前から使われてきました。

　BIMモデルをもとに日影シミュレーションや風解析なども、合意形成に使われています。最近は構造、設備の設計もBIMで行い、設計時に相互の干渉チェックなどを行う「フルBIM」や、施工段階での施工計画や施工管理にBIMを活用する「施工BIM」の活用も進んできました。

　建築物ではオフィスビルや商業施設をはじめとして病院、ホテル、競技場、学校、美術館、住宅など、幅広い分野でBIMが使われています。

図8　BIMによる設計・施工の計画を進めているフォーラムエイト社員寮「TAKANAWAハウス」

図9 「TAKANAWAハウス」の日影シミュレーション（左）と完成後の風解析結果（右）

既存建物のリニューアル

　既存建物のリニューアル工事や耐震補強などでは、まず既存建物をBIMモデル化し、BIMモデル上で一部を撤去しながらリニューアルする部分を新たに設計するといった複雑な設計作業になります。既存建物のBIMモデル化は、2次元の図面をもとに作りますが、図面が残っていない建物の場合は、3Dレーザスキャナや写真測量をもとに作成した「点群データ」を3次元的にトレースするなどの方法をとります。

土木構造物の設計、施工

　トンネルや橋梁、道路などの土木構造物の設計、施工、そして維持管理にCIMモデルが使われています。建築分野のようにデザインや意匠の検討にも使われますが、土木分野では施工段階での活用に大きな比重が置かれているといえます。

　例えば、施工計画や施工シミュレーション、盛り土や切り土量などの施工管理、そして3次元データを利用したICTブルドーザーやICTバックホーなどを使った情報化施工です。

　土木構造物は、機能や形がそれぞれ大きく異なるため、土木構造物のCIMモデルは、構造物の縦断図や横断図を引き伸ばして3次元化したり、各構造物の設計ソフトで作った3DモデルをCIMソフトに読み込んだりして作ります。

6 メリットは何か
設計・施工の可視化で生産性を向上

BIM/CIMの最大のメリットは、建物や土木構造物の完成後の姿が設計中でも見られる「設計の可視化」（見える化）にあります。そのため発注者や一般の人も、プロの技術者と同じように設計内容を理解でき、着工前に完成イメージがわかります。

最大の効果は「設計の可視化」

　BIM/CIMによって期待される効果はいろいろありますが、最も強力なものは「設計の可視化」（見える化）でしょう。

　建物や土木構造物の形状や、内部の空間などをそっくりそのまま3次元で再現したBIM/CIMモデルは、完成後の状態が一目で分かるので発注者や設計者、施工者、メーカーなど建設関係者の間で完成イメージを共有し、合意形成をスムーズに行えることが最大のメリットといえます。

図10　仮想建築コンペ「Build Live Japan 2015」で最優秀賞を受賞した、大分県杵築市城下町地区のまちなみ提案モデル。既存のまちなみと新設する建築がどう調和するかがわかりやすい

また、施工中のイメージもBIM/CIMだと一目瞭然（りょうぜん）です。例えば、道路工事を行う時に規制車線や歩行者用通路の設け方を再現したCIMモデルを数案作成し、隣接する商業施設などの地元関係者や道路管理者を交えて様々な角度から協議し、最適な案を選ぶ、ということも可能です。

設計図書間で「整合性の確保」ができる

2番目に重要な効果は「整合性の確保」でしょう。BIM/CIMモデルから平面図、立面図、断面図といった図面を作ると、もともと3次元のものを機械的に切り出して自動的に作図するので、それぞれの図面の間でつじつまが合わないような問題はありません。さらに、材料の数量集計表なども、BIM/CIMモデルから自動的に作られますので、手拾いによるミスもありません。

情報化施工への活用

このほかCIMに期待される効果としては「情報化施工」があります。盛り土や切り土の3次元データをもとにブルドーザーやモーターグレーダーなどで自動的に土地を造成する「3Dマシンコントロール」や、トータルステーションを使って出来形管理を行う「TS出来形」は、施工や管理のもとになる3次元データを図面から作成するのに非常に手間ひまがかかっていました。それが設計段階からCIMで設計すると、情報化施工用の3次元データもCIMモデルから自動作成することが可能になります。

設計事務所やコンサルタントの業務を拡大

フォーラムエイトは、他社に類を見ないほどの幅広い分野のCIMソフトの開発・販売に力を入れています。これらのソフトを活用することで、設計事務所や建設コンサルタントは、業務を効率化して生産性を向上できるだけでなく、さらに広く、高度な業務が展開できるようになります。

7 設計用ソフトのいろいろ 重視する機能は製品で異なる

建物や土木構造物などを設計するBIM/CIMソフトは外国製が多いですが、国産製品もあります。汎用的なもの、橋梁や鉄筋など特定の用途に特化したもの、広範囲なモデル化に強いもの、詳細構造に強いものなどそれぞれ特徴があります。

BIM/CIMソフトと従来ソフトを連携

　フォーラムエイトはドイツ・Allplan社（Nemetschekグループ）のBIMソフト「Allplan Architecture」や構造設計・CIMソフト「Allplan Engineering」を日本語版化し、販売しています。同社は「橋台の設計」などの設計プログラムも3次元化や配筋機能を追加しているほか、国産のバーチャルリアリティソフト「UC-win/Road」との連携性を高め、BIM/CIMソフトのラインアップを拡張し続けています。

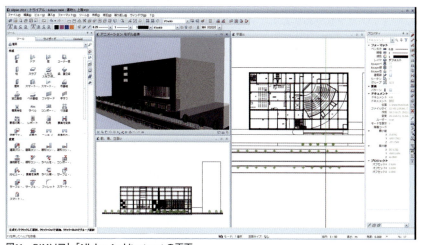

図11　BIMソフト「Allplan Architecture」の画面

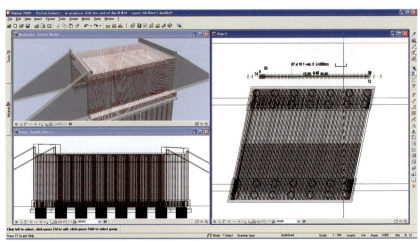

図12　BIM/CIMソフト「Allplan Engineering」の画面

日本の設計基準に強い国産ソフト

　福井コンピュータはBIMソフト「GLOOBER」やCIMソフト「EX-TREND武蔵」、川田テクノシステムの「V-nasClair」は従来のソフトを3次元化し、CIMソフト化しています。伊藤忠テクノソリューションズの「GEORAMA」は地盤の3Dモデリングを強みとしています。

　これらの国産ソフトは、日本のi-Constructionの基準や動向に素早く対応しやすいメリットがあります。

幅広いラインアップをそろえた外国製ソフト

　このほか、海外製品も幅広いラインナップをそろえています。例えばオートデスクは、BIMソフト「Revit」やCIMソフト「AutoCAD Civil 3D」、複数の建造物モデルを統合する「Navisworks」、広範囲なモデリングを行う「InfraWorks」などがあります。

　ベントレー・システムズは同社のBIMソフト「MicroStation」や同ソフトを土木設計用にカスタマイズした「InRoads」を発売しています。また、トリンブル・ソリューションの「TeklaStructures」は鉄筋やボルト1本まで3Dで設計できる詳細さが特徴で、海外でも多く使われています。

8 解析・シミュレーション用ソフト
BIM/CIMモデルを解析に活用

BIM/CIMモデルの3次元形状や材質などの属性情報データは、解析ソフトの入力データとして使うことができ、データ作成の手間を大幅に省力化できます。BIM/CIMモデルを直接読み込めない場合は、DXF形式などで3D形状を読み込みます。

構造解析用ソフト

　BIM/CIMモデルのデータを生かして静的、動的な構造解析を行います。モデルの3次元形状や寸法などをそのまま活用することで、従来のように図面から構造物の形状を見ながら入力データを作るのに比べると、作業がかなり楽になります。

　そのため、BIM/CIMソフトで建物や土木構造物を設計する途中で構造解析を行い、その結果を設計にフィードバックし、設計を最適化していく、という使い方もできます。

熱流体解析ソフト

　BIM/CIMソフトで設計した建物や土木構造物の3次元形状や大きさなどを読み込み、建物内の通風性や周囲の気流、自然換気などをシミュレーションするソフトです。換気塔周辺の風の流れなどを解析するのに便利です。また、ダムや堰などの水流をシミュレーションするといった、水理実験のような使い方もできます。

　日射の影響を考慮できるソフトは、ビルや道路が密集する市街地のヒートアイランド現象を解析することもできます。

エネルギー解析ソフト

　建物や土木構造物の形状や向き、開口部の位置、断熱性能などの情報が入ったBIM/CIMモデルを読み込み、毎月の空調負荷や消費エネルギーの量、光熱費などを計算するソフトです。もともと建築用に作られたソフトが多いですが、日時や土木構造物の位置などを指定して日影解析や照度計算などに使えます。

バーチャルリアリティ、避難解析ソフト

　このほか、様々なBIM/CIMモデルや地形モデルを読み込んで車や人の動きを再現するバーチャルリアリティソフト、火災などの際にビル内の人が避難する経路や時間などを解析する避難解析ソフト、施工時にクレーン作業が可能かどうかを検証する施工シミュレーションソフトなどもあります。

BIM/CIMモデルと解析ソフトのデータ交換方法

　BIM/CIMソフトと解析ソフトとのデータのやりとりは、「IFC形式」を使うと3次元形状データと材質などの属性情報を同時に読み込めて便利です。しかし、IFCに対応した解析ソフトは、まだ少ないのが現状です。そこで3次元形状を「DXF形式」などを使って解析ソフトに読み込み、属性情報などを手入力するなどの方法で解析用データの作成を効率化する方法もあります。

　次ページから、本書で取り上げられているものを中心としたツール紹介を掲載していますので、ご覧ください。

本書で取り上げる主なBIM/CIM連携ツール例
（開発・販売元：フォーラムエイト）

●土木・建築設計

ソフト名	解説
土木設計UC-1シリーズ 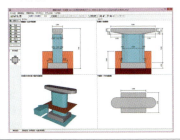	構造解析／断面、橋梁上部工／下部工、基礎工、仮設工、道路土工、港湾、水工、地盤、建築、維持管理、積算、船舶などの各種分野における土木構造物の設計CADシステムで構成される製品群。現在、下部工から橋脚、ラーメン橋脚、橋台、また道路土工から擁壁、BOXカルバートなどの製品が3D配筋に対応。設計と同時に鉄筋量や鉄筋位置を3Dモデル化したデータが出来上がり、これをBIM/CIMソフトで読み込めばそこから効率的に詳細設計を進められる。
Engineer's Suite積算 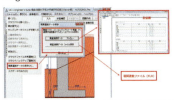	土木設計UC-1シリーズのスイート版（UC-1 Engineer's Suite）と連携し、設計結果の数量データ、単価データ、積算設計書の書式データの相互連携が図られている。国土交通省土木工事積算基準および電子納品対応（EXCEL出力、PDF出力対応）に対応。
3D配筋CAD、3D配筋CAD for SaaS 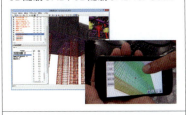	配筋状態を3次元で表示するだけでなく、躯体や鉄筋の新規作成、鉄筋どうしの干渉チェックが可能なツール。UC-1設計シリーズのCAD統合版製品に搭載が進められている。Android™端末向けのアプリケーションとして利用できるSaaS版も用意されており、これは独自の機能として、Android™端末で写真を撮影し、配筋データの視点と関連付けた保存機能に対応。
3DCAD Studio® 	DWGとVRとの連携をサポートし、CIMに対応した2D・3D図面の3Dモデリングツール。関西大学を中心とした産学連携「カイザープロジェクト」で、足掛け5年を経て完成した国産の汎用3次元CADエンジンをベースとし、その後2年間の開発期間を経てリリース、同エンジンを初めて採用したモデリングソフトウェア製品。今後、計画・設計・施工・維持管理で必要なデータをモデルに含めて扱い、他のUC-1設計製品と連動した3D CADデータの生成を展開予定。

ソフト名	解説
駐車場作図システム 	標準駐車場条例や道路構造令に示された駐車マス寸法に基づき、駐車場計画平面図を作図するCADシステム。「駐車場区画（外周、車両出入り口、通路など）を作図するのみで駐車場区画内に駐車マスを自動配置する機能」や「駐車マスを個別に編集する機能」を備えており、駐車場図面の作成が容易かつ効率よく行える。また、作成した駐車場図面は「車両軌跡作図システム」に連携して車路および駐車マスへの車両旋回シミュレーションが可能。
車両軌跡作図システム 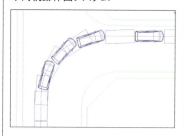	（公社）自動車技術会の「セミトレーラ及びフルトレーラの直角旋回軌跡図の様式」などに記されている作図理論に基づいて、車両の走行軌跡を計算・作図するシステム。軽トラックや小型乗用車からバス、ダンプトラック、トレーラー連接バスまで様々な車両について、1コーナーだけを旋回する単一旋回や切り返し走行、そしてライン走行と切り返し走行を組み合わせた走行まで、複雑な軌跡をスピーディに作図できる。また、作成した図面は特殊車両の通行許可申請に必要な車両旋回軌跡図としても使用可能。
Allplan 	ドイツのCADメーカーAllplan社（Nemetschekグループ）により開発されたBIM統合ソリューション。基本図面、レンダリング画像、プレゼン映像、詳細施工図、数量拾い出しが連続的に行え、建物のライフサイクル全体を設計・表現が可能。モデル変更を全てのデータに容易に反映できる。同社のAllplanシリーズにはArchitecture（一般建築CAD）とEngineering（RC構造物CAD）がある。
DesignBuilder 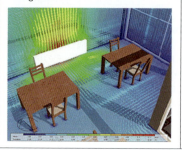	設計中の建物に対して光や温度、CO_2排出量などの環境に関連する性能をシミュレートするソフト（開発：英国DesignBuilder社）。オプションでCFD（熱流体解析）にも対応。入力データは敷地・建物モデルのほか、構造、開口部、照明、空調システム、人間の活動があり、これを処理して暖房設計、冷房設計、シミュレーションを行う。出力結果はグラフやビジュアルなCGで表示される。

●FEM解析

ソフト名	解説
Engineer's Studio® 	フォーラムエイトでプレ処理〜計算エンジン〜ポスト処理までの全てを開発した3次元有限要素法（FEM）解析プログラム。精密な3Dモデルを作り、そこから解析用のモデルに自動変換を行って動的非線形解析を実行。パラメトリックモデリングの手法により、鉄筋やPC鋼材も配置できる。動的非線形解析の結果は、損傷の程度などを3Dモデル上でわかりやすく表示。
GeoFEAS Flow3D 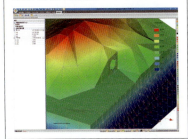	FEMによる地盤の弾塑性解析と定常／非定常飽和−不飽和浸透流解析が可能な地盤数値解析プログラム。他のソフトで作成した設計図や断面を取り込んで、3Dでのモデリング作業を効率的に行い、3D形状と属性情報を兼ね備えたCIMモデルを作成できる。

●3DVRシミュレーション

ソフト名	解説
UC-win/Road  	都市空間および道路分野における支援ツールとして2000年5月に誕生。従来より3次元設計ソリューションの導入を提案していたフォーラムエイトが、道路設計分野における新しい設計手法を目指して独自開発を行ったソフト。いわゆる「景観法」の施行に伴う景観デザインの重要度上昇や「道路デザイン指針」策定などを背景として、VRの3次元設計への適用機会が著しく増大する中で、複数の比較案検討など協議・プレゼンテーションを支援する各種シミュレーション機能、様々なデータ交換、解析結果の可視化などの機能を充実させ、大きな成長を遂げている。現在、建築・土木にとどまらない広範囲のプロジェクト全体や、交通・自動車研究、ロボット開発などの分野へと活用範囲を広げている。

ソフト名	解説
騒音シミュレーションプラグイン 	UC-win/Road上で展開される3D・VR空間上に音源および受音面を配置することで、一般的な音の広がりをシミュレートし可視化。地表面や構造物および建築物などの影響を考慮し、受音面上の各受音点における音圧レベルを解析する。解析理論は音線法であり、全球方向に音の経路を放射することができる。
流体解析連携プラグイン （風解析シミュレーション） 	UC-win/Roadに汎用流体解析ツール「OpenFOAM」の解析結果を読み込むことで、乱流、熱伝達を含む複雑な流体の流れをシミュレート。VTK可視化ツールキット（Visualization Tool Kit）ファイルからの流線の可視化に対応。
xpswmmプラグイン （浸水氾濫・津波シミュレーション） 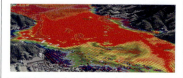	xpswmm（開発：XP Solutions社）による氾濫解析結果をインポートし、氾濫水面の上昇・下降の時刻歴変化、氾濫水面の流速ベクトルの時刻歴変化、地中管路と管内水位の時刻歴変化を3D・VR上で表現するプラグインツール。津波解析のデータをインポートして、陸上部の冠水状況を表現できる。
EXODUSプラグイン （避難解析シミュレーション） 	英国グリニッジ大学の火災安全工学グループ（FSEG)で開発された避難解析「EXODUS/SMARTFIRE」と連携。EXODUSは、非常時に人々がどの経路を通って避難するかを解析、シミュレーションするソフトで、避難する人々が通った経路、所要時間などの解析結果を、数値データや、アニメーションで表示。平常時の人の動線も解析可能。3DVRで確認することで、建築物の安全性について合意形成に活用可能。
ドライブシミュレータプラグイン （運転シミュレーション） 	完全な制御環境下で多様な走行環境を生成し、反復再現し、VR空間内での運転シミュレーションが可能。車両システム開発やITS交通システム研究、ドライバ、車、道路、交通との相互作用研究などに数多く適用されている。

ソフト名	解説
土石流シミュレーションプラグイン 	土石流解析を行う「UC-1 土石流シミュレーション」と、入力データの作成と解析結果の可視化を行う「UC-win/Road 土石流プラグイン」から構成。土石流の流れや影響範囲などをVRで表現しプレゼンテーションが可能。解析のソルバーには京都大学大学院農学研究科で開発された「土石流シミュレータ（Kanako）」が使われている。
3D点群・出来形管理プラグイン 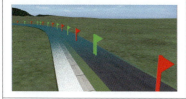	UC-win/Roadのプラグインとして動作し、設計データ（設計値）と点群データ（実測値）から差分を計測して、各種出来形管理帳票を作成。LandXML等の設計データがすでにある場合は、出来形を3Dレーザスキャンで取得することで、容易に帳票を作成できる。
IFCプラグイン 	IFCフォーマットで記述された地形データを、UC-win/Road地形パッチとしてインポートし、UC-win/Roadの地形、ビルなどの3DモデルはIFCフォーマットでエクスポート可能。
点群モデリングプラグイン 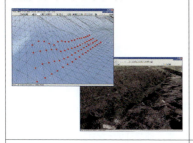	レーザスキャナ等の測量技術により計測された点群データを3次元VR空間上にインポートし、点群を所定の位置に描画表示する。地形変換に関しては、スキャンされた点群データを基に地形TINデータを生成し、地形パッチ機能を用いて地形モデリングを行う。点群データの位置調整として、点群データを3次元空間上で平行移動、回転移動、表示位置を微調整が可能。点群データを基に生成した地形データをLandXMLデータにエクスポート可能。
UAVプラグインオプション 	UC-win/RoadのVRと連携してUAVを操作可能3D環境において、3次元上の位置を選択するという簡単な方法で飛行計画を作成し、UAVにその情報をアップロード、飛行計画の実行が可能。UAV飛行中は、その飛行を3Dで連続的にリアルタイムでモニタリングできる。

●その他 (クラウド、各種システム等)

ソフト名	解説
VR-Cloud® 	クラウドサーバ上で3D・VRを利用できる合意形成ソリューション。インターネット環境さえあれば、シンクライアントでもWebブラウザでVR空間を操作できる。Android™クライアントにも対応する。コンテンツの伝送、クライアントとサーバ間のデータ送受信を低コストで開発可能なフレームワークである独自伝送技術a3Sは特許を取得している。UC-win/Roadで用意されている多くのシミュレーション機能を利用することができる。
自主簡易アセス支援サイト 	環境影響評価法や条例の対象とならない規模や種類の事業について、事業者のCSR（企業の社会的責任）として、自主的に環境影響を把握し、住民等との対話を通じてよりよい事業のあり方を検討するためのツール。これまでの環境アセスメント分野では不十分であった、3D・VRを利用し住民等とのコミュニケーションを深め、事業や地域の特徴に見合ったよりよい事業を行うことを支援する。大きな建物、発電所、土地の改変、工場、研究機関、道路と橋梁、イベント開催などを対象事業としている。
Arcbazar+ProjectVR 	Arcbazarは、発注者自身がプロジェクトの説明やスケジュール、賞金等を設定しコンペを開催可能なシステム。サイトを通して世界中に公開されたコンペには複数の設計者から案が応募され、最終的には発注者により決定される上位の設計者に賞金が分配される。持続可能性の観点から各種事業への評価材料を提供し発注者の意思決定を支援する「自主簡易アセス支援サイトとクラウド型合意形成ソリューションVR-Cloud®の仕組みを用いた「ProjectVR」を、Arcbazarをプラットフォームとして利用することで、コンペに環境配慮の評価軸を付加し、提出されたプロジェクトの価値をより高められる。

2 BIM/CIMを図面、CG以外に活用しよう

BIM／CIMソフトは広い応用範囲があります。図面、CG以外にも、仮想空間 (VR)を用いたウォークスルー動画、構造物や部材相互の干渉チェック、施工時の作業員や建設機械の動きの予測などの事前評価に活躍します。また、構造解析による部材変形、施設供用時のエネルギー収支や発生する騒音の予測など物理現象の可視化にも役立ちます。

1 ウォークスルーに活用
設計した空間を歩いてみる

設計した3次元モデルを上から眺めるだけじゃつまらない。3次元空間の中に入り込み、歩き進んで、使用者の視点で確かめてみる、それがウォークスルーです。ウォークスルーにより、対象物のスケール感を確実に把握し、設計の目的や機能が充分満たされているかの確認や、新たな問題点の発見が可能となります。

再現した空間内を人の目線で歩く

　コンピュータの仮想空間内に再現された建造物や土木構造物は、正確に入力していれば設計どおりのサイズや構造になっているはずです。モニタで眺める3次元設計物は、模型を手に取ってあれこれひっくり返して見る感覚に近いものがあります。でも、実際にこの中に立ったらどう見えるのだろう、そんな希望をウォークスルーでかなえることができます。

　建築分野では、設計した3次元データ内部のウォークスルーは比較的早い時期から行われてきました。1980年代には、建築家のアイデアにあふれた

図1　UC-win/Roadで構築したVRの建築内部に入って行く（「TAKANAWAハウス」）

斬新な空間を誰でも見てわかる方法として用いられ、現在では、建造物にとどまらず屋外景観や開発整備のプレゼンテーション、プロモーションの手段として普及しています。

動線を直感的に確認する

　仮想であっても、3次元空間内を歩いてみてはじめてわかることは多くあります。空間内に実際に入ってみると、対象のスケール感や内外装などが視覚的にわかります。劇場などの工夫を凝らした複雑な大空間から住宅の間取りまで、動線をたどり、階層の把握や、見通し、安全性を確認できるなどのメリットがあります。

　例えば、階段裏などの細部など見えにくい箇所、通路の幅の広さ（狭さ）感、距離感、避難時の障害物など、動線上の良い点も悪い点も気付くことができます。子供目線や車椅子目線で歩くことも可能です。これにより、BIM/CIMでは設計でのフィードバックに活用、また、施工段階での作業者の理解も深まります。

図2　通路や階段を歩いて確認する（「TAKANAWAハウス」）

まちなみを歩いて景観を確認する

　設計対象の建造物だけでなく、周囲の道路や建物、植栽、地形を3次元モデルにした場合、まちの景観を検証することが可能です。まちなみを歩いて見ることによって、設計対象の外観の周囲との調和や、立地条件による影響、逆に周囲に与える影響などの相互作用を確認することができます。

図3　周辺道路を歩いて確認する（「TAKANAWAハウス」）

2 干渉チェックで手戻りのない施工

干渉チェックは、部材どおしの干渉箇所を効率的に特定し、着工前に事前にチェックを行うことで、手戻りのない施工を実現し、生産性向上に寄与します。梁と設備の干渉、鉄筋と鉄筋の干渉、施工時の重機の干渉など、コンピュータを使用した演算で短時間でチェックができます。

事前チェックで生産性向上

建築分野では、2次元CADでは設備図と構造図を意匠の平面詳細図に重ね合わせた総合図でチェックしてきましたが、この方法では、高さ方向については、図面に描かれた線と文字情報から読みとる必要があるため、見落とすこともありました。3次元モデルを基本とするBIMでは、高さ方向の干渉も効率的に発見できるようになります。

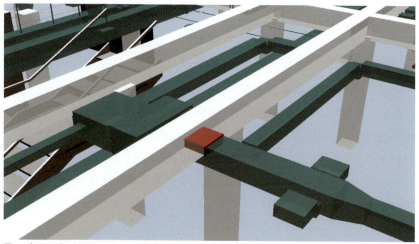

図4　意匠モデルと設備モデルの干渉チェック(Allplan)

また、土木構造物でも形状が複雑で部材の取り合いが難しいなど、施工の難易度が高い場合、特に配筋工事の難易度が高い部位について、配筋の3Dモデルを作成することで、鉄筋やアンカーが干渉する箇所を事前に特定できます。

3次元で干渉箇所をわかりやすく表示

建築設計であれば、意匠設計の3次元モデルに、建築物の躯体の3次元モデルを構造設計のソフトから、設備機器と配管の3次元モデルを設備設計のソフトから読み込み、干渉チェックのコマンドを実行します。部材と部材が干渉している部分を自動的に検出し、着色して表示されるので、梁と配管が干渉する箇所でスリーブを設ける場所をチェック、または事前に回避する、という使い方ができます。

次に、土木構造物の配筋を例にとると、梁、柱、フーチング、杭などの部位が別々に描かれた配筋図の確認だけでは見落とす可能性がある、柱と杭頭の配筋、柱と支承アンカーといった部位間の配筋の干渉チェックを行うこともできます。従来現場で対応していた、干渉した鉄筋をどのように回避するかの検討を設計段階で行うことができます。

これらのプロセスはコンピュータが自動で行うため、見落としを極力減らすことができ、干渉箇所を色で示すだけでなく、リスト表示などを行うこともできるので、修正もしやすくなります。

VRでの施工シミュレーションにも活用

クレーンの回転が構造物と干渉しないか、工事車両が敷地内で転回できるかなど施工時にも干渉が問題となる場合があります。作成した3次元モデルの構造物を、重機などのモデルとあわせて周辺環境も含めたVR空間内に設置することで、施工シミュレーションが可能になります。特に、狭あいな敷地での施工が必要になる場合など、事前に作業手順を確認・教育することで、安全かつ効率的な工事が行えます。

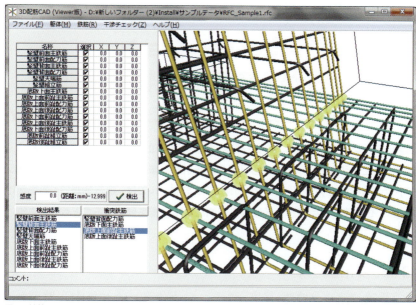

図5　鉄筋の干渉チェック（3D配筋CAD）

図6　3次元VRによる施工シミュレーション（UC-win/Road）

3 日影シミュレーション
周囲からの日照影響も検討

日影シミュレーションでは、緯度・経度、高さなどの位置情報と年月日・時刻から、建物3次元モデルによってできる日影の形を計算します。多くの意匠設計用BIMソフトはこの機能を備えていますが、VRソフトのツールでは、建造物がつくる影だけでなく、その場所が周囲から受ける複合的な日照影響を計測することもできます。

日照の変化を再現

　座標値、あるいは緯度・経度、標高といった位置、それに年月日、時刻から太陽の軌道や方位がわかり、影の計算が可能になります。建物の形や向きにより、その影の形を時刻ごとに表示した2次元の日影図があり、建築基準法における日影規制の検討に用いられます。

　VRを用いた3次元の日影シミュレーションでは、建造物周辺の高低差がある土地や他の建造物に対する影をわかりやすく表示することができ、室内への日照の影響を考慮した窓やひさしなど、建築設計にも利用できます。また、橋梁や高架道路などから生じる影響もわかりやすく可視化できます。

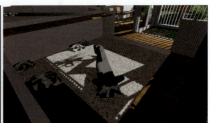

図7　リビングの日照状況（「N邸住宅設計検討VRシミュレーション」アトリエ・ドン／UC-win/Road）

図8　VRによる建物の日影シミュレーション（UC-win/Road）

図9　高架道路が及ぼす影の再現（「VRによる阪神高速道路の地下化と都市の魅力向上に向けた計画提案」関西大学 総合情報学部／UC-win/Road）

　土木開発事業などが周辺に及ぼす日照の変化は、環境アセスメントにおいても重点項目となっています。3次元VRによるリアルタイムシミュレーションを活用して変化を可視化することで、よりわかりやすい検証資料となります。

図10　日照変化の検証（「中綱南側土砂採取事業 自主簡易アセス」NPO地域づくり工房／UC-win/Road）

日照障害の発生状況もわかる

　UC-win/RoadのようなVRツールでは、3次元空間上で、任意の地点および任意の時刻における他の建物による日影の再現が可能なことから、任意の場所での日照計算を行うことができます。この機能を活用すれば、日照障害の発生状況を検証することが可能となります。1つの建物から生じる日影だけでなく、ある建物に対して、周囲の複数の建物から受ける複合的な日影の影響を計算し、日照障害の時間帯を判定できるようになるのです。

　図10の「中綱南側土砂採取事業自主簡易アセス」は、長野県の環境影響評価条例に該当しない小規模な土砂採取事業について、地元住民や一般市民に景観などの変化について説明責任を果たすために、日照変化のVRシミュレーションを行って、住民説明会やWeb上での意見募集に活用したものになります。

　このように、VRを活用してわかりやすく可視化することで、関係者への説明、プレゼンテーションや合意形成などもにも役立ちます。

4 3Dプリンタ模型は BIM/CIMでもっと活用できる

建物や道路・都市といったBIM/CIMデータは、3Dプリンタから模型として出力することもできます。作成した模型はVRやARなどの技術と連携させたシステムを構築したり、プロジェクションマッピングと組み合わせてハザードマップやデザインシミュレーションに活用したりすることもできます。

代表的な3Dプリンタの種類

　2012年、当時WIREDの編集長であったクリス・アンダーソンは、自身の著書「MAKERS」で、個人では難しかった立体造形が3Dプリンタを使って誰でも行えるようになった潮流について記しました。この年以降、比較的低価格な3Dプリンタが相次いで登場し、普及が加速しました。

　普及価格帯の3Dプリンタの多くは、加熱すると柔らかくなり冷却すると固まる性質の熱可塑性樹脂を、細いノズルの先端から押し出して積み重ねることで造形する「熱溶解積層法」を採用しています。これはプロダクトデザインなどで多く使用されているものです。

　石膏や樹脂などの素材の粉末を平面上に敷き詰めて上から接着剤を吹き付けて断面を印刷し、それを積層する「粉末固着積層法」も代表的な方式です。フルカラー造形が可能であり、BIM/CIMの分野では多く使用されています。印刷過程で造形しない部分（接着しない面）にも素材粉末が残るため、熱溶解積層法やインクジェット法のようなサポートの造形が必要ないといった特長があります。

　この他に、インクジェット式、粉末焼結積層法、光造形法といった方式があります。

BIM/CIMデータをプリンタ出力

　建築の分野では従来、外観や内観の検討を主な目的として模型製作を行ってきました。これまでは何週間もかかって人力で行われてきた模型製作が、例えば有機的な曲面の外壁や複雑なトラス構造などであっても、3Dプリンタを使って一晩でできるようになりました。建物そのものだけでなく、道路構造や周辺環境・街区を含むVRデータであっても、全体を出力することができます。

　3Dプリンタに渡すデータ形式としては、現在、STL形式が一般的です。BIMモデルやVRデータに含まれたテクスチャの色情報も含めることができ、カラフルな模型を出力することができます。6-2で紹介するAllplanはSTLデータ出力に対応しています。

　こういった3D模型を、単に形状の確認だけに利用するのではなく、他のテクノロジーと融合させることで、新たなソリューションが生まれています。

UC-win/Road模型VRシステム

　「UC-win/Road模型VRシステム」（図11）は、レーザポインタを使用して検討したい視点を模型上で指し示すことで、VR空間内での移動や視線方向の変更が行えるものです（開発：フォーラムエイト、企画・技術協力：大阪大学大学院・福田知弘准教授）。模型とVRの視野情報を連携させて一体的な操作環境で提供する技術により、双方の長所をミックスさせた、新しい形のシミュレーション・プレゼンテーションシステムといえます。

　システムは模型、Webカメラ、レーザポインタ、UC-win/Road、VR空間を表示させるディスプレイによって構成され、全体としては、レーザポインタの操作を検出する部分と、検出した情報をUC-win/Roadに渡してVR空間に反映させる部分とに分かれています。

　このシステムにより、専門性や知識レベルの点で様々である複数の関係者に対して、情報をわかりやすく的確に伝達し、計画検討や合意形成を効果的に進めることができます。

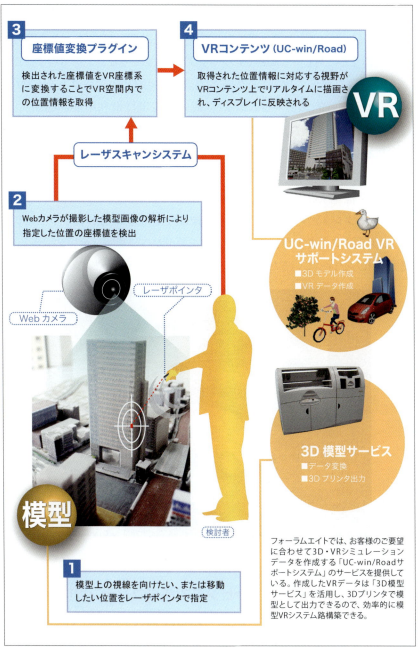

図11　UC-win/Road模型VRシステム

プロジェクションマッピングテーブル

　「プロジェクションマッピングテーブル」（図12）は、3Dプリンタで出力した対象物などに対して全周からのプロジェクションマッピングを実現することにより、物体を映像で包みこむ先進的な表現が可能なユニークなディスプレイ装置です（開発：フォーラムエイト／最先端表現技術利用推進協会）。自動車や家電などの製品開発におけるデザインシミュレーションや、建築物や地形などの模型に対する各種解析結果などの表示、展示会やショールームでのプロモーションといった目的での活用が想定されており、デジタルものづくり革命を推進するシステムとして期待されます。

　プロジェクションマッピングでは、映像と投影対象の造形物がぴったりと重なる必要がありますが、同じ1つの3Dモデルから映像コンテンツ制作と3D模型の出力を行っているため、この一致が可能になっています。

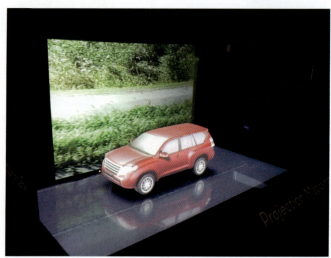

図12　プロジェクションマッピングテーブル

VRから出力した模型にマッピングで防災コンテンツに

　名古屋大学東山キャンパスの「減災館」は、同大学において減災研究をリードする「減災連携研究センター」の実践的な活動拠点として2014年3月

に創設されて以来、研究成果を可視化し一般に広く公開することを目指している機関です。この建物の1階フロアにある「減災ギャラリー」には、プロジェクションマッピングを利用して地図情報を地形の立体模型に投影し表現する「3Dビジュアライズ」が展示されています（図13）。

　これは、UC-win/Roadで作成した地形データを3Dプリンタで出力し、東海地方の地形を高精度に再現した3D模型を作成したものです（高さ方向を5倍に強調した1/20万のスケールモデル）。各種の被害想定、統計データや観測データや時代別の変遷、活断層の位置、震度分布上表など、見学者が投影内容を自分で切り替えて確認することで、空間的・地理的に把握しながら、防災についてわかりやすく学ぶことができるようになっています。

　アナログの模型に対してデジタルの映像を投影する仕組みにしたことによって、同じ模型を使っていても、投影内容を常に最新の情報として更新したり、新たなコンテンツを追加することができるため、効果的な展示が行えます。

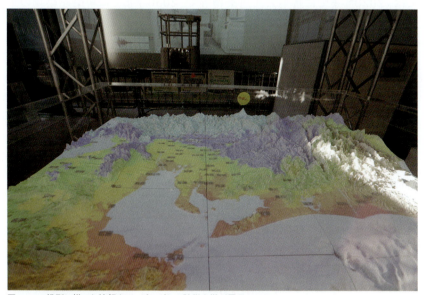

図13　3D模型に様々な情報をマッピングして防災を学ぶ展示システム

5 BIM/CIMを環境配慮に役立てる エネルギー解析での活用

近年、エネルギー消費を抑え環境に配慮した建物の建設が求められるようになっています。この課題を解決するため、BIMモデルをエネルギー解析や通風・ビル風の解析に利用して消費・発電エネルギーを可視化するスマートハウスや、居住者の状態、未来予測によるリコメンドといった新たな試みが現れ始めています。

建築における環境配慮への要請

　2014年に政府が策定した「エネルギー基本計画」では、「建築物については、2020年までに新築公共建築物等で、2030年までに新築建築物の平均でZEB（ゼロ・エネルギー・ビル）を実現することを目指す」とされています。2013年には省エネ法が改正され、2015年4月から住宅に対しても新たな省エネ基準を適用、2020年にはこれが義務化されることになっています。また、アメリカの性能評価の認証システムであるLEED取得を目指すケースや、独自にヨーロッパの基準を目指すなど、国内でもすでに様々な取り組みがあります。

　環境に配慮した建物の建設にはイニシャルコストがかかりますが、認証取得による不動産価値向上や、ランニングコストの低減など、建物が解体されるまでを考慮したライフサイクルコストの面では、結果的に有利になります。建物の省エネルギー性能を高めるなど、環境配慮型の設計はますます重要になってきています。

BIMモデルをエネルギー解析に

　従来、建物の断熱性能やエネルギー消費量は、設計者や設備担当者が断熱材の熱貫流率や厚さ、フロアの面積、設備容量などから別途計算を行い、

仕様の決定を行ってきました。

　BIMモデルを利用したエネルギー解析では、間取りやフロアの面積、方位などを改めて入力する必要がありません。断熱材の仕様も、BIMモデルを作成する際に壁や床のオブジェクトについて設定を行っていれば、そのまま使える場合もあります。プランの検討を進めながら、いつでもエネルギー計算が行えるのです。

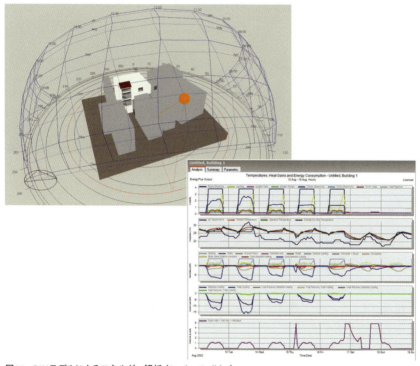

図14　BIMモデルによるエネルギー解析（Design Builder）

　また、BIMモデルを使用して通風やビル風の解析を行うことも一般的になっています。ビル風など、大規模な建物における風環境の検討において、風洞実験を行う必要が少なくなり、何十種類でも形状を変えて、コンピュータ上でシミュレーションが行えるのです。目に見えない風や熱を線や矢印などの形で可視化することで、誰にでもわかりやすい結果を得られます。

このように、設計検討とエネルギー解析や風解析を何度も繰り返し行うことができるようになったことで、設計の密度が上がり、より付加価値の高い建物の設計ができるようになったといえます。

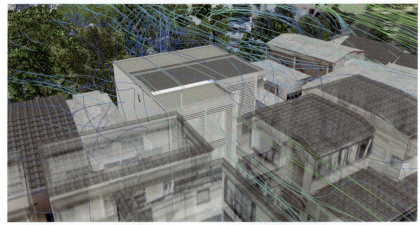

図15　BIMモデルを活用した風解析

スマートハウスとその先へ

　現在、多くのハウスメーカーで扱われているスマートハウスでは、住宅内の電力消費や太陽光による発電や蓄電量を、HEMS（Home Energy Management System）で管理し、エネルギー消費量を減らすことができるようになりました。居住者は住宅内のモニターを見ることで、その様子を数値によって確認できます。

　慶應義塾大学湘南藤沢キャンパス（SFC）に建設された環境配慮型のスマートハウス「コエボハウス／慶應型共進化住宅」では、様々な計測や実験が行われています。各種設備機器の使用状況だけでなく、住宅内各部の温度を計測するセンサからの計測結果や、居住者の睡眠などの活動といった情報など、膨大なデータをモニタリングしています。

　室温やエネルギー使用状況をBIMモデルに表示する試みも行われています。さらに、居住者に行動のリコメンドを行ったり、エネルギー解析データを未来予測として表示する開発も計画されています。

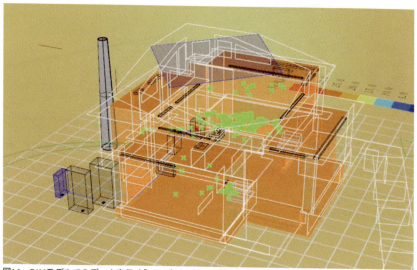

図16　BIMモデルでのデータ表示(「コエボハウス／慶應型共進化住宅」)

6 交通や工事の影響は？モデルを騒音解析に活用

構造物に加えて街路などのデータをVR化しておくことで、図面やCG以外にも、物理的な解析のための形状データとして利用できます。例えば、新たな道路の開通により発生した交通や、施工現場に出入りする車両などについて、騒音解析シミュレーションが行えます。

事前計画だけでなく維持管理にも

地形や構造物、建物などをVRデータとして作成しておけば、道路騒音の解析のための環境データとして利用できます。この場合の音源は基本的には走行中の自動車を想定していますが、理論的には点音源であれば、どのようなものでも適用できます。また、複数の音源の設定が可能です。解析理論は音線法を使用し、音源を中心として全球方向への放射を考慮しています。

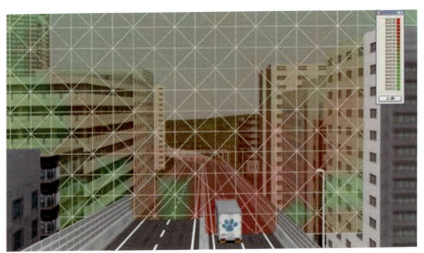

図17　騒音解析結果の例

通常、騒音解析は道路の概略設計の時点で、沿線の環境評価のために多く行われますが、道路の供用開始後に沿道の土地利用状況の変化などにより、新たな騒音問題が発生する場合もあります。そのとき、詳細設計のデータは残されていたとしても、それ以前に行われた環境評価のデータは散逸している可能性が高いでしょう。新たに騒音測定の実施にコストを要するだけでなく、建設当時の環境評価の裏付け資料が不明であると、対応が困難になります。

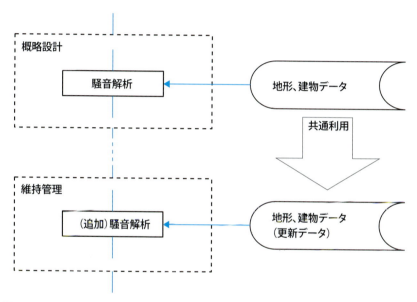

図18　BIM／CIMデータの騒音解析での活用

　このような場合、詳細設計のデータに加えて、地形、建物など環境データをBIM/CIMのデータで保存しておけば、防音壁モデルを追加入力して再度、騒音解析を行うことにより、対策効果を容易にシミュレートすることができます。

7 構造解析

コンピュータで行う構造計算手法の1つであるFEM解析は、BIM/CIMの3Dモデルからメッシュを作成し、解析に利用することができます。実物大の構造物を破壊する実験と、試験体と同じモデルでの解析結果を照合し、高い精度で結果を予測できるFEM解析の有効性が証明されています。

コンピュータで計算する構造解析

コンピュータにより計算を行う構造解析は、「CAE（Computer Aided Engineering）解析」といわれ、その1つに「FEM（有限要素法：Finite Element Method）解析」があります。

FEM解析は、微分方程式を近似的に解くための、数値解析の手法です。

複雑な形状、性質を持つ物体を、単純な部分の集合とすることで近似し解析することで、全体の挙動を予測します。FEM解析は、建築物、橋梁などの構造物だけでなく、地盤解析にも使われています。

FEM解析とは別に、従来の許容応力度法などによる構造設計プログラムも多く使われています。それらの多くは、構造物の種類を限定することでパラメトリックな入力を可能にし、構造計算による照査を行い、計算書や2次元図面の自動作成まで行うことができます。かつ、自動的に生成される3次元モデルを確認しながら入力を進めることができます。

FEM解析を行うには構造物全体をメッシュ化する必要がありますが、2次元の図面よりも、3次元のBIM/CIMモデルの方が、メッシュ化はしやすいでしょう。

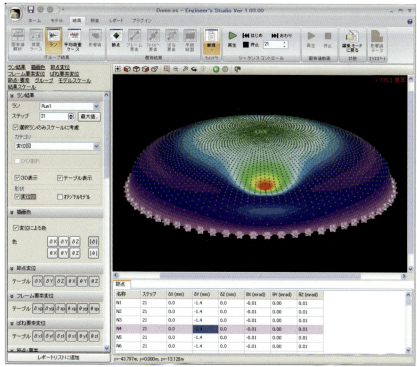

図19　FEM解析による構造解析（Engineer's Studio®）

FEM解析の有効性

　では、FEMのような複雑な計算を、どのように評価すればよいのでしょうか。兵庫耐震工学研究センターには、実物大の構造物を破壊する実験が可能な、実大三次元震動破壊実験施設（E-ディフェンス）があります。この施設を使って実施されたブラインド解析コンテストでは、解析対象となる構造物を事前にシミュレートし、実際に加振・破壊し、事前の解析結果と実験後の結果を比較して、精度を競うことが行われています。実験によりプログラムの精度が向上し、シミュレーションのノウハウの蓄積が行われています。UC-win/FRAME(3D)とその後継製品であるEngineer's Studio®（開発：フォーラムエイト）は、このコンテストで2009年、2010年と連続で優勝し、高い精度で結果を予測することができることを証明しています（図20）。

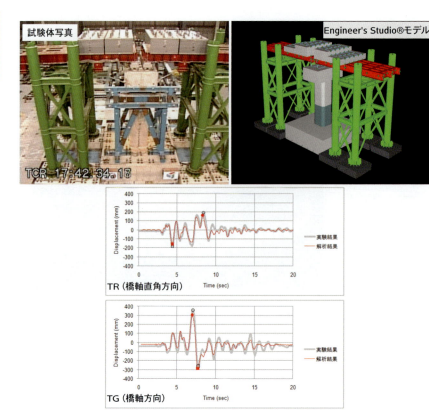

図20　実大橋梁耐震実験の破壊解析コンテスト　グラフ：橋脚天端の変位履歴

IFCの日本での適用

　建築の構造解析では、BIMソフトと一貫構造計算プログラムとの連携のためのアドオンやコンバータが開発されています。

　また、BIMの中間フォーマットであるIFCは、ISOの国際標準ですが、日本国内の建築設計についていえば、例えば通り芯など独自の表現方法や、日本の構造関係の仕様がIFCでは利用しづらい形で実装されているなどの問題がありました。buildingSMART Japan　(旧IAI日本)構造分科会では、日本国内の建築の構造計算・解析ソフトとIFCフォーマットとの橋渡しをする目的で、XML形式の標準連携フォーマット「ST-Bridge」を2009年から開発し、また、アプリケーションごとの連携情報をまとめています。

8 3次元モデルで自動数量集計

BIM/CIMの3次元モデルを利用して、コンピュータに計算させることで、土量、仕上げ材面積、手すりの長さ、鋼材の重量、ボルト個数など、様々な次元・単位の正確な数量の算出ができます。積算業務を効率化し、適正な価格を割り出すことができ、生産性向上に寄与します。

3次元モデルを利用した正確な数量集計

BIM/CIMの3次元モデルには、各部の寸法と同時に、材料、工法などの属性情報を付加させることができます。この3次元モデルのデータベースを利用すれば、数量計算が行えます。

表1　自動数量計算の種類と例

数量の種類	例
体積	土量、コンクリート体積
面積	仕上げ材面積、各室面積
長さ	手すり長さ、配管長さ
重量	鉄骨重量、鉄筋重量
個数	ボルト本数、照明器具個数

また、宅地造成や道路の土量計算では、グリッドによる方法、平均断面法（従来の手計算の方法を自動計算）などがあり、議論半ばの部分もありますが、元の地形の表面形状から、盛り土による増加分と切り土による減少分を計算することができます。

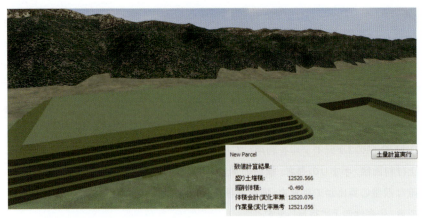

図21　土量計算機能（UC-win/Road）

　計算・合計を伝えるための数量表はもちろん、部材の種類ごとの本数や面積を部材表、仕上げ表として作成することができます。

積算業務が効率化される

　計算と表の作成自体をコンピュータに任せることができるため、作業効率が大幅に高まります。

　ただし、物理的な形状から数量を単純計算するので、要素のサイズによる省略や割増しなどがある積算基準とは異なるので注意が必要です。このため、積算業務での効率化は3割程度ともいわれています。しかしながら、概算での複数案の比較や、現場での発注量の算出には十分使えるものです。

　また、数量計算と連動して単価データベースと連動できる積算ソフトや、IFCデータを読み込める積算ソフトも登場しており、今後、数量計算と積算の精度は上がっていくことでしょう。日本建築積算協会もBIM-積算システム連携中間ファイルを策定しています。

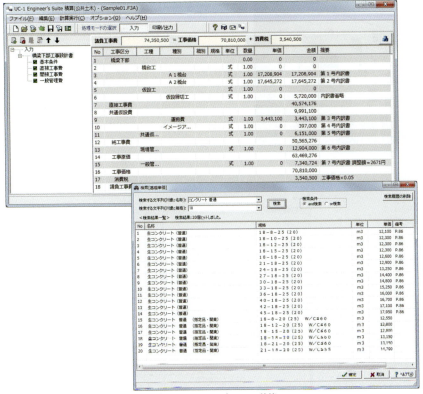

図22 単価データベースに対応しているUC-1 Engineer's Suite積算

適正な価格での発注のために

　発注者にとっても、適正な価格かどうかの判断や、施工会社の見積もった数量のチェックに使えます。

　1-5で紹介したフォーラムエイトTAKANAWAハウスでは、コンクリート数量について、建設会社による見積もりとAllplanでの数量計算の誤差は1%程度でした。もちろん、BIMモデルを正確にモデリングすることが必要であり、開口部のコンクリート欠除の扱いや、コンクリート以外の部材では誤差が大きいものもあり、検証が必要ですが、発注者が見積もりをチェックするのには十分の結果といえます。

部位	A社	Allplan	誤差(%)
躯体コンクリート	275m³	278m³	101%
細割りボーダー	36m²	26m²	72%
フローリング	231m²	228m²	99%
セルフレベリング	223m²	251m²	113%
耐水PB	141m²	151m²	107%

図23　BIMモデルからの数量チェック

9 バーチャルリアリティ
BIM/CIMモデルを仮想体験

3次元で設計されたBIM/CIMモデルを可視化するだけでなく、仮想空間に配置し、その環境や機能を人工現実化するバーチャルリアリティ（VR：Virtual Reality）によって、様々な状況をシミュレーションし、体験することが可能となります。

設計対象と周辺環境の変化を体験

　3次元で設計した建築や土木構造物をVRソフトで読み込み、空間内を歩行、走行、飛行したり、各種の解析結果を可視化したりして、実際のスケール感に近い体験をすることができます。位置設定が正確であれば、日時を変えて昼景・夜景、季節ごとの景観変化を比較できます。歩行者目線、自転車目線、各種車両の運転者目線での比較も可能です。交通安全対策、観光客誘致、通学路の安全確認など多様な用途で利用されています。

図24　季節による景観変化を歩行者目線で確認（UC-win/Road）

図25　山間道路での気象変化による視認性をドライバー目線で確認（UC-win/Road）

図26　昼間と夜間との道路景観を走行しながら比較（UC-win/Road）

空間内を自由に移動体験

　計画の可視化により、専門家でなくても概要を理解しやすいことから、意見が出やすく、合意形成に使用されています。また、VRにすると、事前に設定されたカメラパスや環境のとおりに見るのではなく、操作者が好きなところに進み、あらゆる角度から見るといった自由度が高くなります。そのため、動線や避難経路の実験などに利用可能です。遺跡などの復元で3次元データの記録として残す場合でも、時代ごとの変遷や建築細部の確認など、利用者が関心のある箇所を好きなように見ることができます。学習資料や広報資料としても活用されています。

図27　発掘調査中の重要史跡の復元整備検討（「遺跡復元VR」ソ．ラ．コンサルティング）
　　　（UC-win/Road）

10 施工シミュレーション
施工工程の検証や理解に活用

3次元BIM/CIMモデルの完成形を作成するだけでなく、施工途中の工程を可視化することにより、工程管理や周囲へおよぼす影響と範囲、施工手順などの理解を深めることができます。

工事の可視化により工程を検証

　建築や土木構造物の施工前の状態から完了まで、工事の一連の流れをモデル化し、VRソフトで可視化することにより、工事の手順を確認したり、作業者や周辺住民の理解を得たりすることに活用できます。周辺の地形や建造物なども入力することにより、工事中の迂回路や交通整理、安全対策、資材置き場や重機の搬出入、工事車両の出入りなど様々な影響を検討し、フィードバックすることが可能となります。

　図28は、河川改修計画に伴い橋梁付け替えが必要となった二級河川での、工事に伴う迂回路計画、上部工桁搬入および桁架設施工に伴う夜間施工、市道通行止めに伴う切り廻し計画を3次元シミュレーションした実例です。夜間施工の状況、迂回路走行時の視認距離確認をVRにより検証し、各関係機関との協議の円滑化や地元住民との合意形成に貢献するものとなっています。

第2章 BIM/CIMを図面、CG以外に活用しよう

河川改修前の状況

迂回路計画

元の橋桁を解体

夜間施工

新しい橋桁の搬入と架設

新橋梁の道路の付け替えと迂回路の撤去

工事による周辺への影響

迂回路の走行シミュレーション

隣接住戸からの現場景観（1階）

62

隣接住戸からの現場景観（2階）　　　夜間の現場景観（2階）

改修後の走行シミュレーション

図28　（「橋梁付替えにおける施工工程および施工VRシミュレーション計画」株式会社創造技術）

新工法の理解にも活用

　新しい工法の理解と広報にも活用できます。図29は、新たな仕組みを導入した新製品足場のプロモーションにVRが利用された例で、工場内や橋梁などの活用場所がモデルとして作成されています。
　足場の動きのほかにキャラクタの動きも組み合わせて、組み立て手順の確認や検証にも活用することが可能です。

図29　新たな仕組みの足場（「クイックデッキプロモーションVRデータ」日綜産業株式会社）

11 BIM/CIMモデルの データ交換方法

BIM/CIMのデータ交換には様々な方法があります。IFC、LandXMLやその他の汎用フォーマットを利用する、ソフトウェア間でダイレクトに連携する、ソフトウェアに組み込まれたプラグインを利用するなどの方法です。今後、これらのデータ交換方法や社内・社外の調整を行うBIMマネージャという職種が重要になるでしょう。

中間ファイルをユーザがインポート・エクスポートし連携

　1つのソフトから中間ファイルをエクスポートし、もう1つのソフトにインポートする方法です。ユーザ間でのデータの受け渡しができる、最も一般的な方法でしょう。BIM/CIMのファイルフォーマットといえばIFCですが、土木分野でのLandXMLも、標準化されたプロダクトモデルのためのファイル形式といえます。また、実際の業務では、DWG、DXF、3DSといった汎用的なフォーマットもまだまだ使われています。

標準フォーマット「IFC」

　IFCは、BIM/CIMの標準ファイルフォーマットです。建築構造物の3次元のプロダクトモデルとしてbuildingSMART International（旧IAI）が1994年から仕様の策定を進めており、2013年に国際標準ISO16739となりました。プロダクトモデルとは、オブジェクト指向技術に基づき、構造物の全体・部分の各レベルで材料や仕様などの属性情報を表現したデータモデルです。要するに、IFCでは属性情報を持った3次元モデルを扱えます。IFCでは個々の部材や製品を表現する基本単位とエンティティといいますが、図30は、エンティティとその関係を構成するスキーマです。

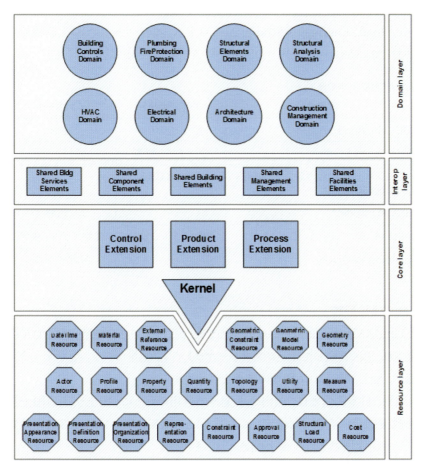

図30　IFCのデータスキーマ

　IFCは建築構造物のプロダクトモデルとして出発しましたが、土木分野への適用が世界レベルで進められています。buildingSMART フランス支部では、橋梁のプロダクトモデルとしてIfcBridgeを2000年頃から開発しています。韓国では、KICT（韓国建設技術研究院）が中心となり、IfcRoadを開発、中国でもCRBIMによりIfcRailwaysが開発されています。また、buildingSMARTのInfrastructure Room（インフラ分科会）でもIfcAlignmentを策定しています。

IFCデータ連携対応のツール例として、フォーラムエイト製品では、UC-win/Road、Engineer's Studio®、UC-1土木設計シリーズで3D配筋機能を搭載しているものや、3DCADStudio®、Allplanなどがあります（表2）。

表2　IFC対応ツールの例

製品名	エクスポート	インポート
UC-win/Road	地形とモデル	地形
Engineer's Studio®	ファイバー要素	－
UC-1シリーズ 橋台の設計・3D配筋／3D配筋CAD 他	躯体と鉄筋	－
3DCADStudio®	－	3次元形状
Allplan	建物モデル、鉄筋	建物モデル、鉄筋
building EXODUS	－	建物モデル

LandXML形式

LandXMLは、2000年から道路の3次元設計データの標準化のために開発され、広く普及したオープンフォーマットです。測量データ、地形データ、線形、配管網などの16種類の要素を扱えます。

また、日本国内では、国内の事業への適用のために、国土交通省国土技術政策総合研究所（国総研）により、「LandXML 1.2に準じた3次元設計データ交換標準（案）」が公開されています。

対応例として、UC-win/Roadは2005年からLandXMLに対応しており、2015年には鉄道関連のデータを読み込み、書き出しする機能が追加されています。また、AllplanはLandXMLのインポートに対応しており、地形の座標点や、道路線形を読み込み、そこからデジタル地形モデルや、道路幅員を与え切り土・盛り土を作成することも可能です。

表3　LandXMLの要素

No.	要素名	内容
1	Units	単位（長さ、面積、体積、角度など）
2	Coordinatesystem	座標系
3	Project	プロジェクト名と説明
4	Application	アプリケーション名
5	CgPoints	座標点
6	Alignments	中心線形および横断形状
7	GradeModel	勾配モデル
8	Roadways	道路構成要素の集合
9	Surfaces	地形モデルのサーフェス
10	Amendment	改訂履歴
11	Monuments	基準点情報
12	Parcels	区画データ
13	PlanFeatures	計画機能
14	PipeNetworks	配管網
15	Survey	測量データ
16	FeatureDictionary	拡張したフィーチャ辞書

DXF・DWG形式

　オートデスク社のCADソフトウェア、AutoCADの標準ファイル形式です。2次元・3次元のベクトルデータ、レイヤ、線種、ハッチングなどのデザインデータ、作成日時、作者、パスワードなどのメタデータを含めることができます。部材の属性情報を含めることはできません。

3DS形式

　オートデスク社の3D Studio（現在は3ds Max）用の形式です。多くの3Dモデリング、レンダリングソフトが対応しています。

ソフトウェア間でダイレクトに連携

　ソフトウェア間でシステムが自動的にデータ連携を行います。2つのソフトウェアがそれぞれ独立して利用でき、確実に製品間の連携がとれます。2つのソフトウェアをインストールした状態で、1つのソフトウェアを起動し、連携のためのコマンドや操作を行うと、他方のソフトウェアが自動的に起動し、データを連携します。

　例えば、フォーラムエイト開発のUC-1シリーズ「橋脚の設計・3D配筋」「橋台の設計・3D配筋」といった橋梁下部工製品は、「基礎の設計計算」や「深礎フレーム」などの基礎工の製品と連動しています。下部工製品の設定で、基礎形式を連動製品に設定すると、該当の基礎工製品が自動的に起動します。

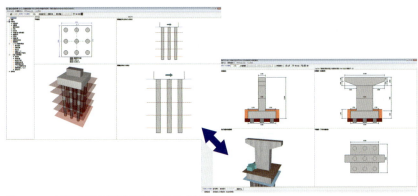

図31　UC-1下部工製品と基礎工製品のダイレクト連携

ソフトに組み込まれたプラグインを用いメモリ間通信で連携

　1つのソフトウェアに対して、中間ファイルを介さず、メモリ間通信を行い、データを利用します。

　ソフトに組み込まれたプラグインを利用することで、1つのソフトの中で解析やその他の機能を使用できるため、煩雑な操作や連携を意識する必要がありません。さらにいえば、プラグインとして機能追加するのではなく、1つの製品の中に複数の機能が統合されることもあります。

例を挙げれば、UC-win/Roadの騒音シミュレーションオプションを利用する場合、リボンメニューに受音面や音源の設定ボタンが現れ、VR空間の中に受音面や音源を配置することができ、シミュレーション実行ボタンで解析を開始することができます。その後、VR空間に結果データを表示させることができます。

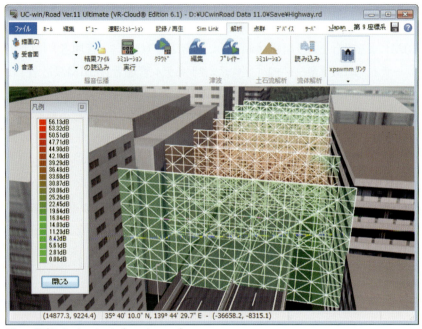

図32　騒音シミュレーション（UC-win/Road）

BIMマネージャ

　ここまで、一般的な中間ファイルフォーマットとしてIFC、LandXMLなどと、ソフトウェア間でのダイレクトな連携、メモリ間通信で連携という方法を見てきました。

　BIM/CIMモデルのデータ連携は、プロジェクトごとに要求が異なるため、柔軟に対応する必要があります。新たな職能として注目を浴び、現在、多くの人材が育成されている「BIMマネージャ」がこれに対応しうると考えます。

　BIMマネージャの職能として、社内外のガイドラインの適用、納品・契約

に関する法的義務の把握、スタッフのBIMスキルの把握とチーム編成、プロジェクトの各段階での適切な人材とデータの管理など、組織運営上の知識・スキルも必要になります。もちろん、技術的な内容として、ハードウェア・ソフトウェアの選定、ネットワークやクラウドを介したBIMデータ共有・管理、解析ツールとの連携などが挙げられます。そのためには、本項で述べてきたIFCフォーマットのデータ構造や、ネットワークの知識も必要になります。

2012年のJIA（公益社団法人日本建築家協会）のBIMガイドラインでも、BIMによる設計を行う組織体制として、「BIMプロジェクト管理者」「コラボレーティブBIMマネージャ」「プロジェクトモデル管理者」「BIM設計者」という4つの役割を述べています。「コラボレーティブBIMマネージャ」は会社間のデータ受け渡しの調整役やIFCなどのデータ交換についての理解が必要とされています。

データ交換といっても、2つのソフトウェアの連携を考えるだけでなく、「BIMマネージャ」の育成、組織でこれをチェックする体制づくりやノウハウの蓄積が、全体としてスムーズなワークフローの実現のために重要であるといえるでしょう。

3 BIM/CIMモデルを生きた VRシステムに進化させる

BIM/CIMモデルに人、車、自然現象などさまざまな要素を加えてVR化することで、活用範囲が一気に広がります。バスターミナルビルのBIMモデルをVRソフトUC-win/Roadに読み込み、交通流を設定してプレゼンテーション資料としたり、BIMモデルとして作成した津波時避難用のビルを防災計画や避難学習用コンテンツとして利用するなどの実践的な事例を紹介します。

1 いざというときに役立つ津波ビル

周辺や海岸線の地形を利用し、道路や建造物を設定したVRデータに津波解析結果を読み込めば、津波の水位変化を可視化できます。例えば、BIMモデルとして作成した津波時避難用のビルのモデルをVRにインポートしてシミュレーションを行えば、防災計画検討や避難経路学習用のコンテンツとしても利用できます。

水位変化を再現し、防災・減災対策への理解を深める

　津波発生時、高台のない沿岸部では、人々が避難するための「津波避難施設」が求められます。津波に耐えられるよう設計された津波避難施設について、実際に津波が発生した場合のイメージを視覚的に表現して提供することは、周辺住民の危機意識を促し、防災・減災意識を高める上で有効な手法となります。設計された施設のBIMモデルは、地形や道路、建物などの周辺環境を再現したVR空間に配置して、シミュレーションに利用できます。

　図1は、沿岸地域の街をモデルとして津波被害の発生を想定し、津波対策がとられる前と後とで、時間の経過とともに変化する避難の様子をVR で比較するシミュレーションの例です。下の画像では、避難用のビルが表現されています。

　例えば、UC-win/Roadで津波を表現する場合、使用する津波解析データによって2つの方法があります。1つは、様々な解析結果データに対応したオープンフォーマットを読み込む「津波プラグイン」を使用する方法、もう1つは、「xpswmmプラグイン」を使用して、浸水氾濫・津波解析ソフトウェアxpswmmによる解析結果を読み込む方法です。

図1　津波対策の有無による比較検証
　　（「津波・避難解析結果を用いたVRシミュレーション」（パシフィックコンサルタンツ株式会社））

「津波プラグイン」で標準形式の津波解析データを読み込む

「津波プラグイン」は、大学や研究機関で開発された津波解析コードの結果や市販の津波解析プログラムの結果など、様々なシミュレーション結果の可視化、再現を行う汎用プラグインです。水面（水面反射）、水深、津波高さの可視化が可能です。

図2　津波プラグインによる可視化の例　　図3　浸水深によるコンタ表示

オープンフォーマットを用意し、この形式に合わせることで、それぞれ他の解析結果をインポートします。解析に用いた地形メッシュデータを地形パッチとして取り込み、詳細な地形を表示することも可能です。

表1　使用する3種類のファイル

種類	形式	拡張子	内容
定義データ DEFファイル	テキスト	.def	津波データ読み込み時に指定するファイルです。格子情報、時間情報、位置、GRDファイル、WLVファイル等を定義します。
地盤高さデータ GRDファイル	バイナリ	規定なし	格子点における地盤高さを列挙します。
水面高さデータ WLVファイル	バイナリ	規定なし	格子点における水面高さを列挙します。

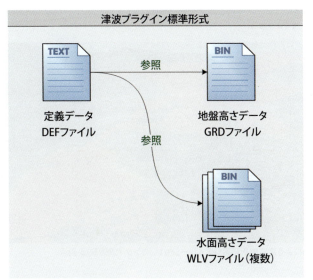

図4　データファイルの関係

「xpswmmプラグイン」による動的3Dシミュレーション

　氾濫解析ソフトウェアxpswmmでは、海溝型地震などに伴う海面水位の上昇をモデルに与えることで津波発生・伝播・遡上の状況を再現することができます。UC-win/Roadのxpswmm連携機能により、それらの状況をリアルに表現します。

　xpswmmでは解析対象範囲の地形データと海底面の地形データが必要です。UC-win/Roadで海岸線を編集した地形をxpswmmで利用することもできます。

　水面描画については、流速矢印の表示切り替え、コンタあるいは、反射・屈折の描画方法を選択できます。さざなみの表示や波の変化など、詳細設定が可能です。

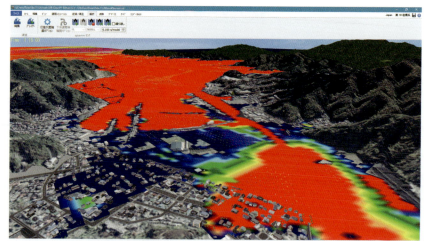

図5　xpswmmによる津波解析結果シミュレーション：コンタ＋流速矢印 表示

　津波を再現している際にも、視点を移動して各箇所を確認できます。浸水する経路や速度のシミュレーションにより、避難時の安全なルートを検証することができます。また、交通流や避難解析データと連携して、渋滞の発生箇所や効果的な誘導ポイントを検討し、合意形成のツールとして使用できます。

図6　反射・屈折 表示

2 バスターミナル周辺の交通安全 交通流を表現する

車や人の交通流が問題となる施設の例として、バスターミナルが挙げられます。ここでは、バスターミナル建物のBIMモデルをVRソフトUC-win/Roadに読み込み、交通流を設定してプレゼンテーション資料とする例を紹介します。

計画地周辺の交通流を再現

　図8、図9は海外の事例で、UC-win/Roadを利用して交通シミュレーションを行ったものです。交通規則や規格は各国で異なりますが、左側通行・右側通行の選択や、交差点での交通規則など、地域・国別に設定を行うことができます。

図7　地域の設定例

この事例では、韓国ソウル地方国土管理局が管理するジュクジョンサービスエリアでの乗り換え計画について、交通シミュレーションを行っています。衛星都市へつながる道路の混雑を解決するため、バス専用道路の生成とロータリー生成などの3つの案を表現し、意思決定の支援ツールとして利用されました。

図8　「韓国ジュクジョンサービスエリア乗換VRシミュレーション」GTSM Inc.（韓国）
　　　（第8回3DVRシミュレーションコンテスト作品）。交差点橋梁を設置する案

図9　駅前にロータリーを設置する案

3 2車線を1車線化した商店街の未来像 まちなみの変化を表現

商店街の活性化の案として、従来の車優先の2車線から1車線にし、歩道を広げて人の流れを呼び込もうとする計画があります。ここでは、相互通行を一方通行にした場合の問題点の説明や、拡幅した歩道の有効な活用案の検討に、VRやクラウドシステムを用いた事例を紹介します。

商店街の現況作成

この事例は、下関市豊前田細江地区の再整備プロジェクトの提案（大阪大学大学院　福田知弘准教授）です。

図10　左：取材写真、右：写真を加工したテクスチャを貼った3Dモデル

商店街活性化の案として、従来の車優先2車線から1車線にし、歩道を広げて人の流れを呼び込もうとする計画があり、相互通行を一方通行にした場合の問題点の説明や、拡幅した歩道の有効な活用案の検討にVRやクラウドシステムが用いられました。関係者間で確認しながら、現況を再現し、交通流や信号制御、歩行者が設定されています。

計画案の表現

　計画は複数案が並行して進む場合もあり、現況と計画案との表示切り替えが可能なように考慮しながら、モデルを設定していきます。それまでの商店街のイメージを一新するための舗装案や、植樹、新しい街路灯、ベンチなどを表現します。また、一方通行にした場合、必ずといっていいほど問題になる搬出入車の荷捌(にさば)きスペースをどのように設けるか、さらに関連して、人、車、自転車すべての安全を配慮した自転車通行帯の検討案なども表現します。

図11　現況の路肩

図12　路肩の計画案の1つ

賑わいの表現

　路上のオープンカフェやイベントを行った場合の様子など、広くなった歩道をどのように有効活用するかの計画案もVRで表現できます。

図13　計画案：オープンカフェ

図14　計画案：イベント

合意形成におけるクラウドシステムの活用

　この事例では、現地の協議関係者および各分野の専門家同士をつないで、VR-Cloud®（開発：フォーラムエイト）を利用したデザインミーティングが実施されました。参加者はノートPCやスマートフォンなどのブラウザで操作することで、データを共有しながら協議が可能になります（P.154参照）。

新交通システムの検討案

　もとの車道が広い場合、例えばLRT（新交通システムの1つ）などの導入事例も検討が可能です。

　図15、図16は、高齢者の増加やコンパクトシティを意識した公共交通機関の整備を検討した事例です（「堺市 大小路LRT計画VRデータ」大阪大学大学院　福田知弘准教授）。

図15　現況

図16　LRTを導入する場合の計画案

4 土石流を食い止める砂防施設

山岳部での多量の降雨、融雪、堰からの急激な放流などにより、水と土砂との混合物が河川を流下することがあります。これが平野部に到達する前に食い止めたり、軽減したりするための砂防施設をBIM/CIMを活用して検討する例を紹介します。

実際の地形を再現した空間でモデルの設置検討

　これは、「砂防堰堤の設計計算」（開発：フォーラムエイト）により設計した砂防施設のモデルをVRで活用して設置検討を行う例です。

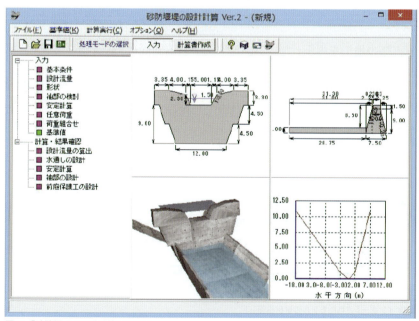

図17 「砂防堰堤の設計計算」画面例

設計を行った構造物のモデルをIFC、DWG、3DSなどのファイル形式で保存して、BIM/CIMモデルとして使用します。

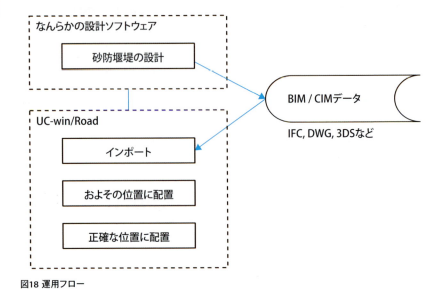

図18 運用フロー

　実際の地形を再現したUC-win/RoadのVR空間に、構造物のモデルをインポートします。

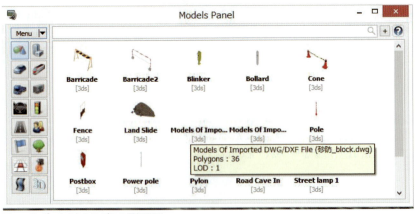

図19 インポートされたモデルの選択画面

インポートしたモデルを、基準点に対して公共測量座標系のx、y座標値、標高値、モデルの基準軸の方位角、モデルの基準軸が水平面となす角などを設定して配置します。

このようにして、設計された砂防堰堤をVRのモデルとして組み入れ、設置検討を行うことができます。

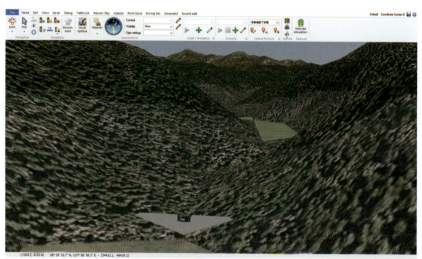

図20 正確な位置に配置した状態

4 BIM/CIMモデルで
シミュレーションしよう

BIM/CIMモデルをVRにインポートして、動的解析、地盤、建物エネルギー、騒音、避難、洪水・津波、土石流、風など、様々なシミュレーションに活用する事例を紹介します。

1 土木設計ソフトを利用し詳細なCIMモデルを自動生成

土木設計ソフトの設計結果として得られた形状寸法のデータをIFC形式などで書き出すと、配筋まで備えた詳細なCIMモデルを誰もが自動生成できます。他のソフトウェアやVRシミュレーションでも活用できます。ここでは土木設計 UC-1シリーズ（開発：フォーラムエイト）のソフトを例として紹介します。

　ここでは「橋台の設計・3D配筋」（土木設計UC-1シリーズ）を例として取り上げます。道路橋示方書IV下部構造編（H24）に基づき、逆T式橋台、重力式橋台について設計計算から図面作成まで一貫して行うプログラムで、3D配筋および3DCADの機能をサポートしています。構造物の設計・図面生成を行うと同時に、3D配筋の元となるモデルを作成し、3D配筋CADに読み込んで躯体や鉄筋の自動生成・編集や干渉チェックが可能です。

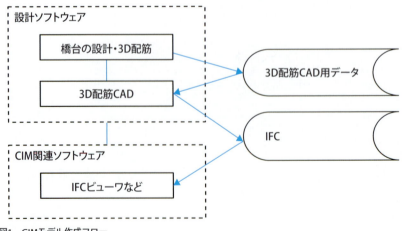

図1　CIMモデル作成フロー

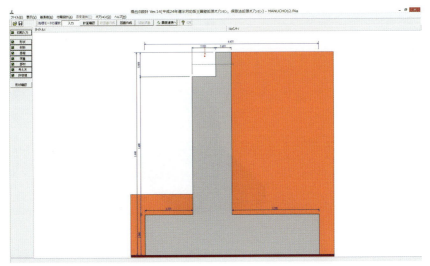

図2　橋台の設計・3D配筋画面

　この図面作成後に生成した3D配筋のデータから、IFCやAllplan用の鉄筋データ付きCIMモデルを自動生成することができます。

図3　自動生成された3D配筋付きのCIMモデル

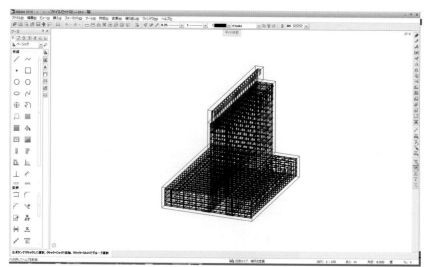

図4　Allplanで出力・表示されたIFCファイル

　一般のCIMソフトは操作が難しいため、複雑な土木構造物の形状や鉄筋を3Dモデルで作るのは、ソフトに習熟した専門家が必要で、大変な手間ひまがかかります。そのデータを解析・シミュレーションソフトで解析するのも、データ交換などの面で課題が多く残っています。

　一方、フォーラムエイトのUC-1シリーズなどの設計ソフトを使うと、一般の土木技術者自身の手で、詳細なCIMモデルが作れます。技術者が意識しなくても、ソフトの内部で構造物が自動的に3Dモデル化され、鉄筋径や鉄筋間隔、コンクリート断面などを設計し、応力照査に合格したものをIFC形式などで書き出す仕組みになっているからです。

　いわば、設計の副産物としてCIMモデルが得られるのです。こうした設計ワークフローを生かすことで、多くの設計者や技術者がCIMモデルの作成にかかわれるようになります。

2 動的構造解析ソフト

兵庫県南部地震を経て、平成8年道路橋示方書では地震時保有水平耐力法が耐震設計の中心になり、それ以降、動的解析が普及しました。Engineer's Studio®（開発：フォーラムエイト）は、フレーム要素と平板要素を備え、それらの材料非線形および幾何学的非線形（大変位）を同時に考慮した静的解析および動的解析が行えるソフトで、様々なデータ連携にも対応しています。

Engineer's Studio®は、フレーム要素とReissner-Mindlin理論に基づく平板要素を備え、それらの材料非線形および幾何学的非線形（大変位）を同時に考慮した静的解析および動的解析が可能です。UC-1シリーズで作ったCIMモデルをEngineer's Studio®によって、さらに高度な解析を行うことが可能です。

UC-1→Engineer's Studio®連携

Engineer's Studio®はフォーラムエイトのUC-1シリーズ下部工製品との連携に対応しています。UC-1橋脚の設計・3D配筋、ラーメン橋脚・3D配筋の設計は、各部寸法の入力や基準を選択することで、構造計算を行い、かつ3Dモデルを作成できます。このモデルを、Engineer's Studio®のデータ（拡張子.es）としてエクスポートします。UC-1製品からエクスポートしたデータは、Engineer's Studio®で、上部工を含む全体系での動的非線形解析モデルの一部とすることができます。目的の位置に合わせてフレーム要素をインポートすることができ、フレーム要素に付随して、各部の断面形状とコンクリートの圧縮・引っ張り強度や鉄筋の降伏点といった材料データも自動的にインポートされます。

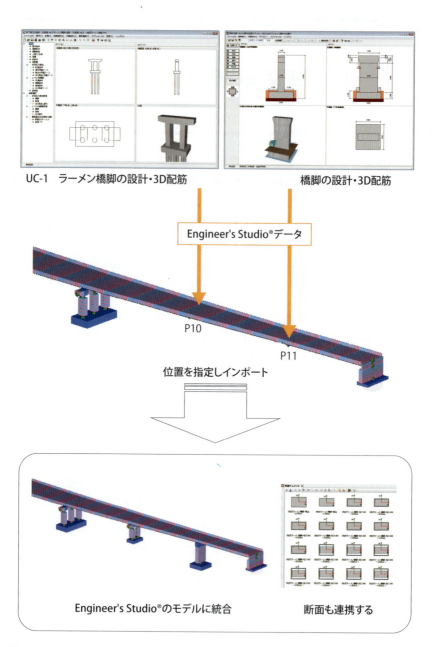

図5 Engineer's Studio®のCIM連携

Allplan→Engineer's Studio®

　AllplanのCIMモデルから、構造中心線を作成し、Engineer's Studio®に読み込み、フレーム要素として解析に利用することができます。また、AllplanのBIMモデルを元に、メッシュを作成し、Engineer's Studio®に読み込み、平板要素にした解析に利用できます。

　いずれも、DXF、DWG、IFCの連携に対応しています。

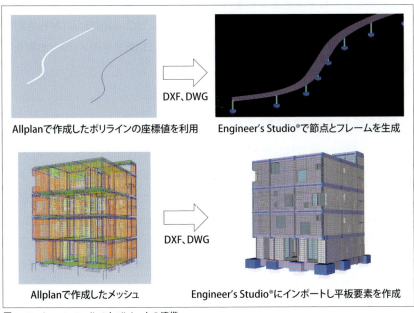

図6　Engineer's Studio®とAllplanとの連携

SDNF形式のデータ交換

　SDNFは国際的な鋼構造設計における標準フォーマットですが、骨組みと断面の属性を備えた3D形状を持っており、BIMデータといえるでしょう。Engineer's Studio®はSDNFのインポートに対応しており、骨組み、断面、部材の定義をデータ交換が可能です。。

3 地盤の弾塑性解析ソフト

地盤の弾塑性解析や浸透流解析を行うプログラムは、同一のデータ（地形やメッシュデータ）を共通で利用することができるほか、UC-win/Roadから地形をLandXMLで連携しての利用も可能です。地形からFEM解析用のメッシュ分割を半自動的に行います。

地盤解析と浸透流解析

GeoFEAS Flow3Dは、FEMによる地盤の弾塑性解析を行うGeoFEASと、浸透流解析を行うVGFlowの両方が動作するプログラムです（いずれもフォーラムエイト開発）。両方のプログラムが同一のプラットフォームで動作するため、形状データおよびメッシュデータの共有が可能です。

GeoFEASは、杭基礎解析、土留め掘削解析、シールドトンネル、斜面安定解析など、地盤に関係する多くの分野において弾塑性解析を実施する場合に威力を発揮します。

VGFlowは、広域流域における降雨や湧水などの地下水影響解析や、河川堤防における堤体内の浸潤面および水圧分布の把握などに適用される、3次元での飽和／不飽和浸透流解析プログラムです。

UC-win/Roadから地形データをGeoFEAS Flow3Dに連携

UC-win/Roadから地形データを取り出し、GeoFEAS Flow3Dに読み込むことで、地盤解析と浸透流解析に利用できます。

UC-win/Roadは地形のデータベースを搭載しており、日本の地形においては、国土地理院の50mメッシュデジタルデータを利用できます。その他にも5mメッシュや海外の地形データも読み込み、地形を生成できます。読み

込んだ地形に、航空写真を貼りつけたり、道路線形により切り土、盛り土を自動的に生成したり、地形を貫通するトンネルを作成できます。

UC-win/Roadはこれらの地形や道路線形をLandXML形式でエクスポートできます。

ここでは、LandXMLで地形をエクスポートし、GeoFEAS Flow3Dへインポートし、地盤解析をする手順を説明します。

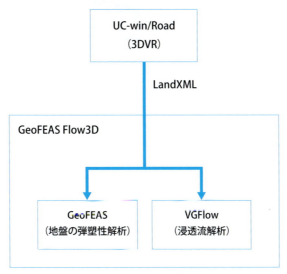

図7　UC-win/RoadとGeoFEAS Flow3D連携

図8はUC-win/Roadで地形と道路を作成したデータで、航空写真が貼りつけられたポリゴンデータです。このポリゴンで構成された地形を解析に利用するため、LandXMLでエクスポートします。

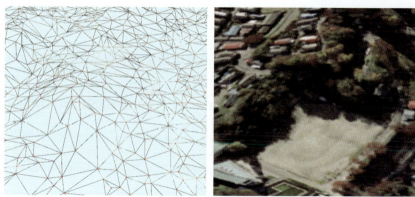

図8　UC-win/Roadの地形データ（左はワイヤーフレーム表示）

　UC-win/RoadにはLandXMLのエクスポートのコマンドがあります。LandXMLをエクスポートの際、出力する道路を少なくとも1つ選び、オプションで「地形データを出力する」を設定します。エクスポートマージンは、出力する道路の周囲何mまでの地形を出力するかを設定できます。

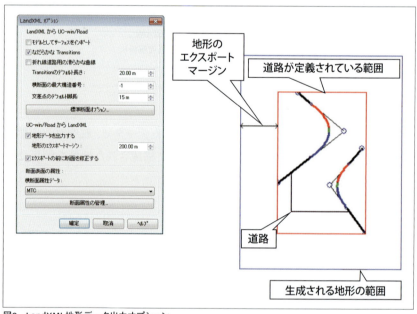

図9　LandXML地形データ出力オプション

GeoFEAS Flow3Dへのインポート

UC-win/RoadからエクスポートしたLandXMLをGeoFEAS Flow3Dにインポートします。

図10の①のような形状で読み込まれるため、解析範囲を矩形にする必要があります。②では緑色の枠の範囲を切り出し、下方向に押し出し、解析用モデルを作成しています。③では地形にトンネルを設定しています。さらに、ブロックの線分を等間隔や指定した比率で分割数を指定し、④でFEM解析用のメッシュ分割を半自動で行っています。

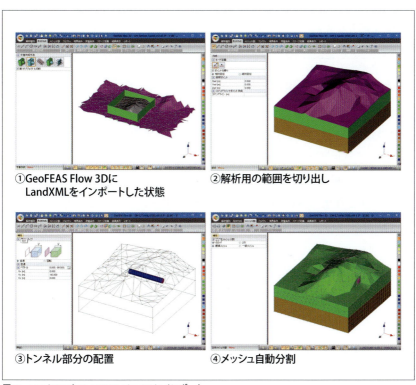

図10　LandXMLをGeoFEAS Flow3Dにインポート

4 地すべり解析ソフト

UC-1シリーズ3次元地すべり斜面安定解析（LEM）は、実際の地形形状や地すべり面を3次元形状で再現した斜面安定解析が可能なソフトです（群馬大学 鵜飼研究室/フォーラムエイト共同開発）。ここでは、SXFやDEMなどのデータ形式利用について紹介します。

2Dと3Dでデータ連携

　解析に必要な3次元地形形状の作成方法は、以下の2通りがあり、それぞれ、2次元CADデータ、3次元データを活用できます。

① 地形断面図を多数入力する2次元的な操作で、比較的簡単に再現する方法（SXFデータファイルのインポート）
② 既存の3次元のDEMデータを利用する方法

　また、3次元浸透流解析の結果から地下水面を生成、また、3Dモデルをエクスポートし3DVRに統合することも可能です。

SXFデータファイルのインポート

　2次元地形断面形状をSXFデータファイルからインポートできます。インポートした断面形状を地層とし、さらに、地すべり面を入力した図になります。

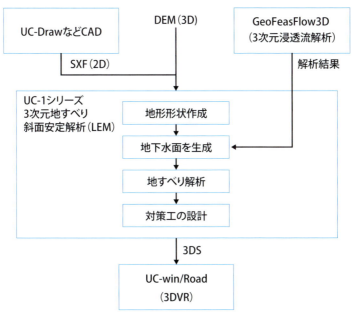

図11　データ連携図

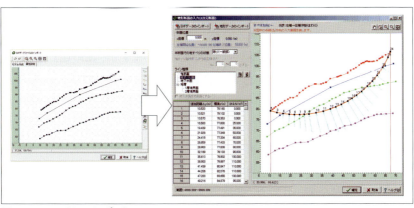

図12　SXFファイルのインポート

DEMデータを利用する方法

　地形を3次元座標でデジタル表現するモデルをDigital Elevation Model（DEM）、または、Digital Terrain Model（DTM）と呼びます。これは、格

子点上の標高データです。図13のとおり、起点は左上とし、1行につき、x方向コラム分割（Nx）+1個の座標情報が左から右の順で列記され、その集合体が、y方向コラム分割数（Ny）+1行分が上から下に向かって併記されています。解析に必要な立体面情報をDEM形式でインポートできます。

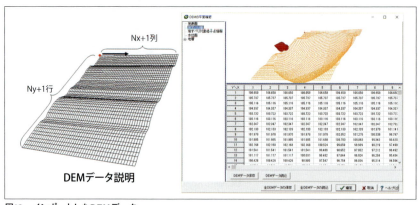

図13　インポートしたDEMデータ

地すべり解析

　地形データを連携で読み込んだ後、地すべり面を定義し、解析を行います。基本的には、すべり面は既知のものとして扱いますが、埋め立て地など、必ずしもすべり面が確定できない場合に、通常、2次元の斜面安定解析では、すべり円中心の格子範囲を指定し、最小安全率となる臨界すべり面を計算します。これと同様に、3次元の斜面における臨界すべり面（回転楕円体面）を自動探索し定義できます。

　解析は、簡易Janbu法、Hovland法、Hovland（水中重量）法を利用することができ、安全率、滑動力、抵抗力、水力ベクトルなどの安定解析の結果を計算書として出力、ベクトル図として表示が可能です。

　さらに、地すべり対策工（抑止工）として、3次元抑止力を用いた杭工の設計およびアンカーを設置した場合の安定計算も行うことができます。

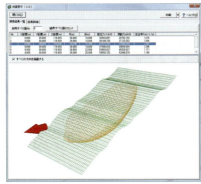 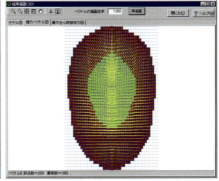

図14 すべり面を楕円体面と仮定しての自動探索　図15 結果確認（推力ベクトル図）

さらなる連携

　「GeoFeasFlow3D」の3次元浸透流解析結果、または他社製品の解析結果を定型テキストファイルとすることで、浸透流FEM解析結果により、地すべり解析に必要な地下水面を生成し、斜面安定解析を行うことができます。

　また、3D描画機能として「測線型(TIN型)3D」と「DEM型3D」の両方を表示できますが、3Dモデル（3DS形式）出力も可能であり、UC-win/Roadで読み込みが可能、ＶＲでの3次元表示、道路、周囲の構造物、地形との関係性も一目で理解できます。

　以上のように、3次元の地形データ（DEM）を利用し、地すべり面を自動で探索し、安定計算、地層の3次元モデルをＶＲに連携させる、という一連のCIMモデルによる解析の連携を実現しています。

5 エネルギー解析ソフト

建物のエネルギー解析は、電気やガスなどの消費エネルギーや建物全体の省エネ性能を算出することなどを指しますが、フォーラムエイトが有するDesignBuilderでは、BIMデータと連携し、エネルギー解析だけでなく、熱流体解析やレンダリング画像など、1つのモデルから様々な解析が可能です。

エネルギー解析について

　エネルギー解析は、電気やガスなどの消費エネルギーや建物全体の省エネ性能を算出することなどを指しますが、様々な条件の入力が必要です。

　まず第1に、部屋の大きさや、壁に囲まれていないペリメータゾーンなど、空間の情報です。BIMソフトでは通常、RoomやSpaceとして定義することができます。次に、外皮性能を決定する外壁や窓、屋根の部材の属性が必要です。断熱材の厚さや断熱性能から、建物の外壁、屋根、床各部（外皮）の熱貫流率が計算されます。それらの建物の条件に加え、在室人員や照明器具や日射による熱取得、HVAC（空調）システムと稼働時間など内部の条件を整えます。さらに、計画地の緯度・経度や気象データなど外部の条件も当然関係します。

　これらの条件を揃え、解析を実行することで、暖房・冷房に必要な熱負荷や、年間のエネルギー消費量を計算します。

　さらに、エネルギー消費だけでなく、太陽光発電によりエネルギーを作り出す「創エネ」や、地中熱利用も同時に計算することで、ZEH（ゼロ・エネルギー・ハウス）、ZEB（ゼロ・エネルギー・ビル）を設計することも可能です。

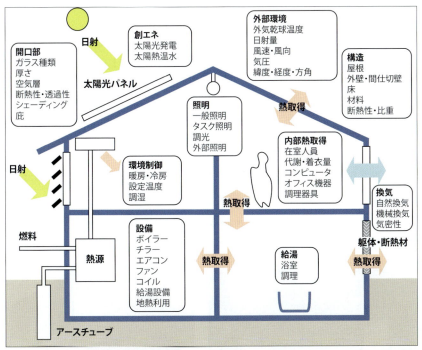

図16　エネルギー解析に考慮される主な要素

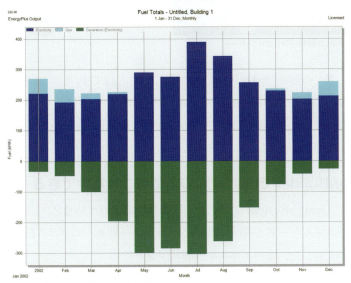

図17　エネルギー消費・創出量の年間グラフ

BIMデータ連携

エネルギー解析の分野で使用されているBIMデータフォーマットとして、gbXML(Green Building XML)があります。gbXMLは、解析ツールとBIMソフトの相互運用性を高め設計の効率化を図るため、2000年から開発されてきた、オープンソースのXMLスキーマです。現在、米国のエネルギー省が開発・運営に関与し、http://www.gbxml.org/でスキーマや対応ソフトの情報を得ることができます。

イギリスDesignBuilder社開発、フォーラムエイトで販売しているエネルギー解析ソフトDesignBuilderもgbXMLをインポートすることができます。BIMソフトで作成した建物モデルから、ゾーンの情報、エネルギー解析設定を連携させることができます。

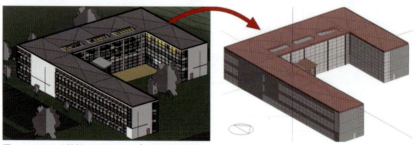

図18 gbXMLを解析ソフトにインポート

現在、多くの解析ツールはIFCへの対応は限定的です。しかし、IFCには、IfcSpaceで空間や、IfcMaterialLayerで壁内部の断熱材などの材料とその厚みを定義でき、空調機器のためのHVAC Domainもあり、今後はさらにIFCによる連携が加速していくと考えられます。

DesignBuilderでは1つのソフトでもこれだけできる

先述のDesignBuilderは、1970年代から開発されているソフトを前身に、アメリカエネルギー省が開発しているエネルギー解析プログラムEnergyplusをソルバーにした、建物エネルギー解析ソフトです。

DesignBuilderではgbXMLの読み込みや、2次元のDXFを元に壁や屋

根の3次元モデルを作成、断熱材や内部発熱など各部属性の設定や、気象データの読み込みを行い、BIMモデルを作成し、Energyplusに渡すことで、エネルギー解析を行います。

エネルギー解析では、年間のエネルギー使用量、スケジュールを設定すれば、30分や15分といった細かいタイムステップでのエネルギー使用量推移や、室温、換気回数もアウトプットとして取り出すことができます。さらに、エネルギー解析だけでなく、以下のようなアウトプットが可能です。

Visualise
材料と連動したテクスチャマッピングにより簡易レンダリングを行い、プレゼンテーションに使用できます。

Daylighting
建物内部の自然光による昼光率を計算し、平面上にマッピングします。

CFD
建物の内外における風速、風向、気圧を計算します。建物の外部ではビル風の検証、室内のにおいてはコールドドラフトや空気循環を検証できます。

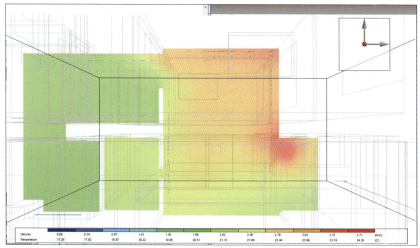

図19 　CFD解析結果による温度分布

Optimization

壁に対する窓の割合や方位などを元に、多くのシミュレーションを自動的に繰り返し、最適解(パレート解)を導き出します。

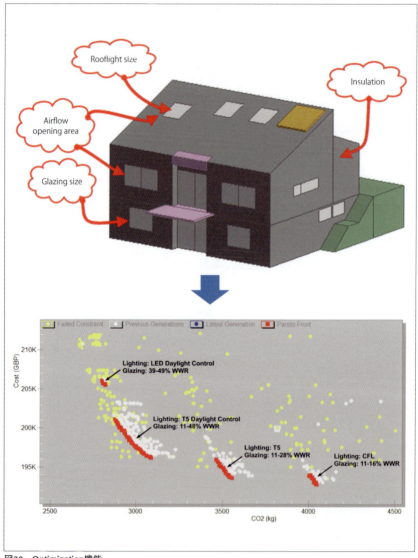

図20　Optimization機能

その他

　ASHRAE（アメリカ暖房冷凍空調学会）の基準に基づいたモデリングと計算を行い、LEED（環境性能評価システム）用の結果を出力したり、エネルギー消費量から電気料金などのエネルギーコストを算出することも可能です。これらを1つのBIMモデルから行うことができるため、それぞれ別の解析ツールを使用することと比べて、何倍もの作業効率化を図れます。

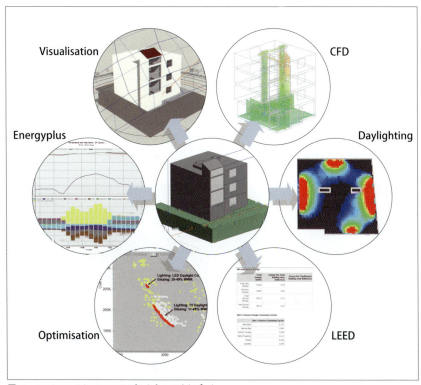

図21　DesignBuilderのBIMモデルからのアウトプット

6 騒音解析ツール

騒音解析では、道路を走行する自動車、鉄道線路を走行する列車、建設工事の現場の建設機械類などにより発生する騒音の分布状態を物理的に推定します。設計データをVR空間にインポートして、このような解析に利用できます。

地形や構造物、建物などをUC-win/Roadデータとして作成しておくことにより、道路騒音の解析のための環境データとして利用し、VR空間で騒音シミュレーションが行えるようになります。

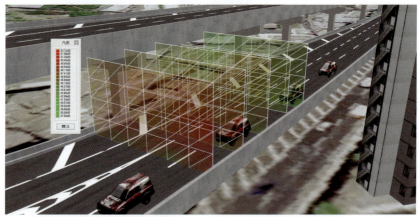

図22　騒音解析結果のグラデーション表示

解析対象部分の音圧レベルは、受音面メッシュによって表示されます。受音面の位置、寸法、ます目の区画はほぼ自由に指定でき、また、面の数も任意に作成できます。受音面メッシュの向きは、鉛直面と水平面を選択または併用可能です。自動車騒音を想定する場合は、主たる音源であるエンジンの

位置に受音面をあわせることが推奨されます。

　音圧レベルの表示について、色別グラデーションの他に、格子点ごとに球体の色別で表示を行うこともできます。元になるCIMモデルとして、以下のデータ項目が考えられます。

・音源となる車両が走行する路面の位置、形状、寸法。
・対象位置付近の路側の物件。防音壁、建物、構造物など。
・音源（点音源）とする車両（複数可）の位置とその音圧レベル(dB値)。

　走行車両を表す場合、Δtでの走行距離を設置間隔として道路上に車両を配置します。音源には有効時間の指定をすることができるため、それぞれの車両の音源にΔtに対応する時間のみを有効とする条件を与えることにより、車両の走行を表すことができます。解析理論は音線法を用いており、以下のような解析条件を与えることができます。

・音線の方向は、音源を中心とする正二十面体の12個の頂点の方向を基本とします。ただし、実用的に12本では粗すぎるため、正二十面体の各面を任意の数で分割を行い、各分割面の重心位置の方向も音線として計算できるものとします。

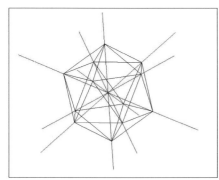 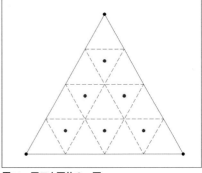

図23　正二十面体　　　　　　図24　正二十面体の一面

・音が物体に到達したとき、物体の種類により反射率を与えることができるものとします。反射しない分は物体を透過するとみなします。
・音が透過するときの減衰量を計算するため、物体の密度を与えることができるものとします。

7 避難解析シミュレーション

群集解析の技術を災害時・緊急時の避難行動の解析に応用し、火災などのハザードと連動させ、建物や街区での避難時間や避難経路を計算することで、避難解析が行えます。ここでは、BIMモデルからIFCデータ連携により、最小限のモデリングで簡単に建物内の避難解析が可能なソフトウェアbuildingEXODUSを例として取り上げます。

避難解析と火災解析

避難解析とは、群集解析の技術を、災害時・緊急時の避難行動の解析に応用し、火災などのハザードと連動させ、建物や街区での避難時間や避難経路を計算するものです。

英国グリニッジ大学火災安全工学ブループ（FSEG、Fire Safety Engineering Group）により開発されているbuildingEXODUSは、避難解析の代表的なソフトウェアです。人、人と火災、人と構造物の相互作用、熱、煙、有毒ガスなどの影響をシミュレーションし、室内から避難する各個人の経路を解析します。

火災解析は、火災による熱や煙の伝搬を解析するものですが、同じくFSEGで開発されているSMARTFIREというソフトがあります。高度なCFD（数値流体解析）による火災解析が可能で、流体、熱伝導、熱放射、燃焼、煙、有毒ガス、スプリンクラーを扱うことができるソフトです。

IFCによる連携と解析

BIM/CIMモデルとbuildingEXODUSによる避難解析、火災解析とVRによる可視化までを連携させる各プロセスを説明します。

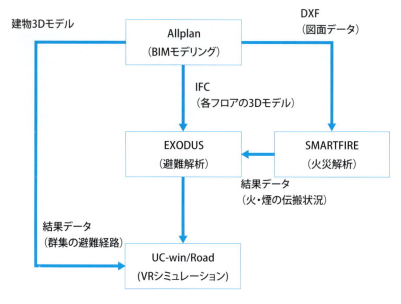

図25　避難解析のデータ連携

BIMモデリング

　AllplanなどのBIMソフトで建物などの構造物をモデル化します。次のステップで各階の情報が必要になるので、BIMソフト上で階の構成を定義しておきます。IFCでエクスポートします。解析に不要であれば、家具などの要素はエクスポート対象から外し、最小限として壁、窓、ドアがあればよいでしょう。

EXODUSへのIFCインポート

　IFCをbuildingEXODUSインポートします。各階の情報を読み取り、水平切断面を指定し、解析用の平面図を作成します。

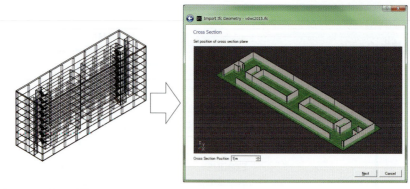

図26　IFCデータ連携

SMARTFIREへのDXFインポートと火災解析

　SMARTFIREへは2DのDXFで各階の図面をインポートし、高さを与え、火災源や壁の材料などを設定します。解析を実行し、結果データをエクスポートします。SMARTFIREは以下のようなCFD解析で、火（熱）だけでなく、煙やスプリンクラーも考慮に入れて解析を行うことが可能です。

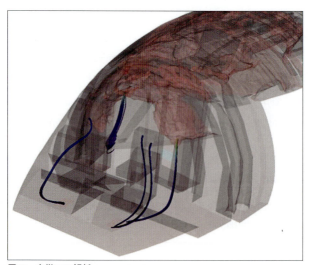

図27　火災CFD解析

buildingEXODUSでの避難解析

避難経路となるエリアに、自動的にノード群を敷設します。

避難する人の配置や、SMARTFIREによる火災解析の結果データもハザードとして設定します。避難解析を実行すると、避難経路と避難時間、避難が可能だった人数などが計算されます。

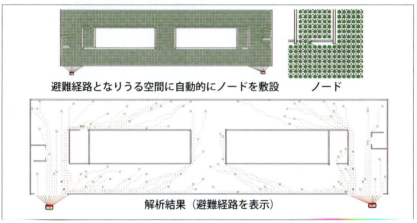

図28　避難解析のモデリングと解析結果表示

UC-win/RoadのVR空間にBIMモデルをインポート

3DS、FBX、DAEなどでエクスポートしたBIMモデルをUC-win/Roadにインポートします。

図29　VR空間に建物モデルをインポート

避難解析データをVRデータにインポート

buildingEXODUSの解析結果を、OpenMicroSimのフォーマットに整理し、マイクロシミュレーションプレイヤーで読み込みます。キャラクターを割り当てることで、VRの中で避難する人々を表現できます。

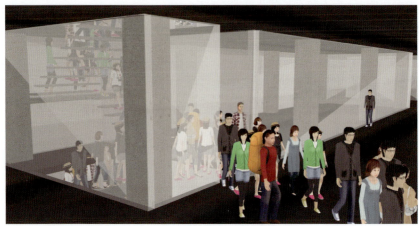

図30　VR空間に解析結果のインポート

　建物の避難解析を例にBIMモデルによる連携を紹介しましたが、CIMで対象となるトンネル、駅構内、空港、街区にも同様の避難・火災解析が適用可能です。

8 洪水解析シミュレーション

洪水解析は、多量の降雨で河川の流量が計画高水位を上回るなどの場合に、堤防を越えたり、破堤したりすることで堤内地へ流出した河川水の挙動を対象としています。解析結果はVRとの連携による可視化シミュレーションに活用できます。

　下水道が敷設されている市街地の地形や街並みをUC-win/RoadのVRデータとして構築しておくことで、内水氾濫（下水道の溢水時）の状況予測のための景観データとして利用することができます。

　管内流と表面流のデータは、xpswmm（開発：XP Solutions社）にて作成されたものを使用し、UC-win/Roadのxpswmmプラグインでインポートして画像化します。

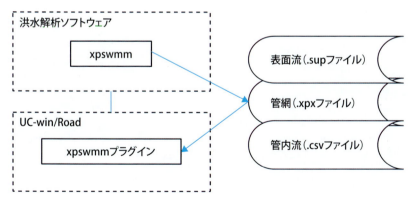

図31　運用フロー

溢水の初期、拡大期、最大期、減衰期について、それぞれの表面水の状況のほか、管網の流量が過大になった時点で人孔からの溢水が始まる状況など、地表の冠水の水深が色の違いによって表されます。
　図33は溢水状況の一部を拡大したもので、水面に表示されている細い矢印は表面流の流速ベクトルを表現しています。

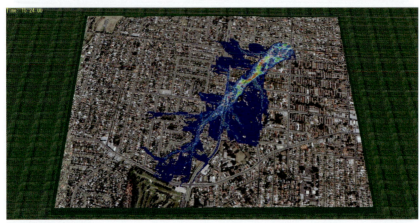

図32　溢水の最大期

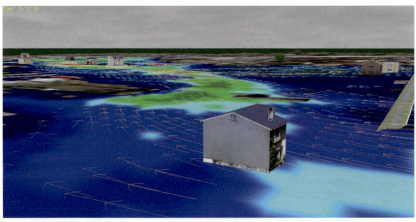

図33　溢水状況の一部拡大

9 津波解析シミュレーション

津波解析では、津波が発生、伝搬および陸部に到達して遡上する現象を対象としています。ここでは、そのうち最終段階、すなわち陸部に到達した後の津波の挙動について解析を行い、VRで可視化を行う例を取り上げます。

　海岸沿いの地形や街並みをUC-win/RoadのVRデータとして作成しておくことにより、津波襲来時の状況予測のためのシミュレーションに利用することができます。津波のデータはxpswmm（開発：XP Solutions社）で作成されたものを使用し、UC-win/Roadのxpswmmプラグインでインポートを行って、可視化します。

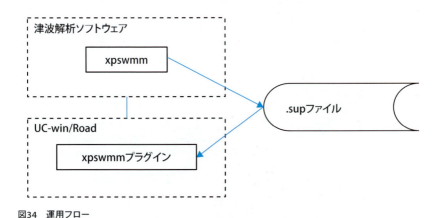

図34　運用フロー

　図35は、水部（海、河川）の水深がグラデーションで表されています。図36、図37は、避難場所の高台からの視点を表現しています。

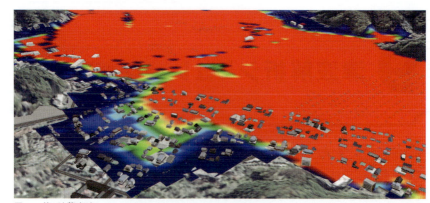

図35　第1波襲来時

図36　避難場所から通常時

図37　避難場所から津波襲来時

10 土石流解析シミュレーション

山岳部での多量の降雨、融雪、堰からの急激な放流などにより、水と土砂との混合物が河川を流下し、平野部まで到達することがあります。土石流解析では、このような場合の混合物の挙動を対象としており、解析結果をVRで利用できます。

　山間の渓流沿いとその下流の平地部の地形をUC-win/Roadデータとして作成しておくことで、土石流発生時の状況予測のためのシミュレーションに利用することができます。

　ここで、土石流のデータは、Kanakoで作成されたものを使用しています。Kanakoは京都大学大学院農学研究科および(一財)砂防・地すべり技術センターにより開発された土石流の解析システムです。

　この解析結果をUC-win/Roadの土石流プラグインでインポートして可視化することができます。

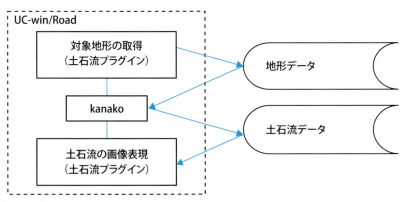

図38　運用フロー

以下に処理の例を示します。図39は通常時の表現です。

図39　通常時の様子

UC-win/Roadの土石流プラグインにより、解析対象の範囲の地形を指定します。

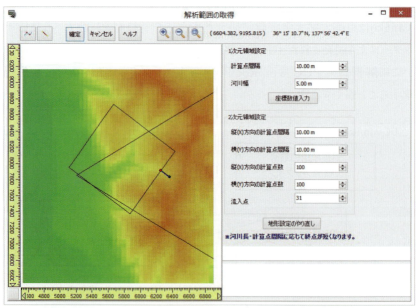

図40　対象範囲の指定

対象範囲は1次元部分と2次元部分とに分けて指定します。それぞれの意味は以下のとおりです。

・1次元部分：基本的に山間の渓流部を想定。川幅は一定とみなす。
・2次元部分：基本的に山間を抜けた平地部を想定（ただし、山間部であっても途中で川幅が大きく変化する場合は、2次元部分として指定）。

流域の地形を模式図的に表した例を以下に示します。

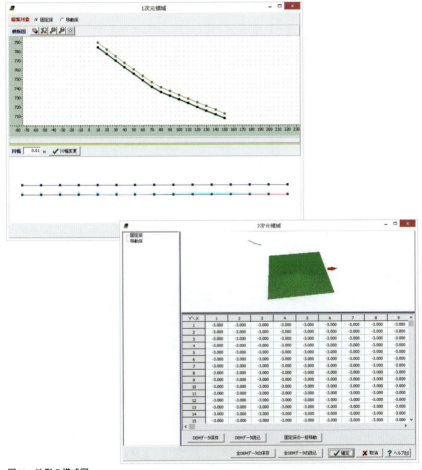

図41　地形の模式図

ここで、砂防堰堤がある場合、その位置と高さを与えることができます。ま

た、水と土砂のデータは以下のようにハイドログラフとして与えます。

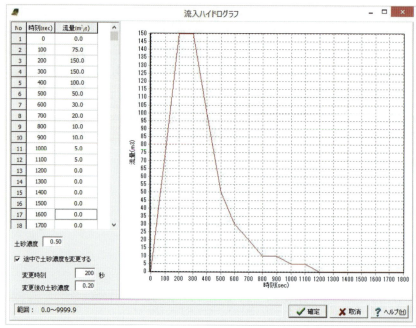

図42　水と土砂のデータ

　図43は解析結果のVRシミュレーションによる可視化表現です。

図43　土石流の状況

11 スパコンで大規模処理
解析シミュレーション、高精度レンダリング

スパコン、HPC(High-Performance Computing) を利用することにより、大量の計算を要する大規模な解析やシミュレーションの実施、フォトリアリスティックなレンダリングなどが実現します。

スパコンを利用した高度な解析

スパコン利用により、大規模で精緻な解析についても、解析規模のスケールアップと計算時間の短縮が可能となります。フォーラムエイトでは、スーパーコンピュータ「京」と隣接した「(公財) 計算科学振興財団 (FOCUS) 高度計算科学研究支援センター」内に、スパコンクラウド研究室を開設し、22テラFLOPS (1秒間に22兆回の計算性能) 以上のスパコンを利用したサービスを提供しています。

風・熱流体解析にスパコンを利用

汎用流体解析ツール「OpenFOAM」を用いて風解析などに適用することができます。OpenFOAMはOpenCFD社が開発し、現在はGNUのGeneral Public Licenseのもとでフリーかつオープンソースとして配布されています。化学反応や乱流、熱伝達を含む複雑な流体をシミュレートすることもできます。

UC-win/Roadでは、OpenFOAMの解析結果を取り込み、VR空間内で可視化することができます。

図44 読み込んだ解析結果はVR空間内の自由な視点から確認可能

解析の流れ

　解析条件の定義から解析結果の可視化までは、おおまかに以下のような流れで実施することができます。

① 解析用モデルの作成：UC-win/Roadで解析用モデルの作成を行います。地形・道路の作成、ビルなどの構造物や各種モデル配置。

② STLファイルの作成：UC-win/RoadのVR空間をPOV-Ray形式で出力。これを、例えばAutodesk社の3ds Maxでインポートし、そのままSTL (Stadard Triangulation Language) 形式で出力。

③ OpenFOAMでの解析：OpenFOAMでSTL形式のファイルを取り込み、メッシュ作成や各種解析条件を与えた後、解析を実行。

④ VTK ファイルの作成：OpenFOAMに付属する可視化プログラムParaViewで解析結果を取り込み、各種描画条件を与えた後、時刻歴ごとの VTK (Visualization Tool Kit) 形式のファイルを生成。

⑤ UC-win/Roadでの可視化：UC-win/Roadの流体解析連携プラグインでVTKファイルを取り込み表示。

12 車両軌跡・駐車場設計とVRシミュレーション
作図したコースを運転

各種基準に記されている作図理論に基づき計算・作図された走行軌跡を、3Dシミュレーションで再現できます。駐車場作図システムと連携して、駐車マスへの車両の出入りに問題がないかを検討することもできます。

車両走行軌跡を確認する

　車両軌跡作図システム（開発：フォーラムエイト）は、交差点やロータリー、工事用道路などの車両走行軌跡チェックに利用できます。想定した路線や既存の路線に対する走行シミュレーションや車両軌跡の作図を行い、道路構造を決定する際の参考資料としても活用できます。また、特殊車両通行許可申請に必要な車両旋回軌跡図の作図にも使用可能です。「セミトレーラ及びフルトレーラの直角旋回軌跡図の様式（JASO Z 006-92）、（公社）自動車技術会」などの作図理論に基づき走行軌跡を計算・作図します。

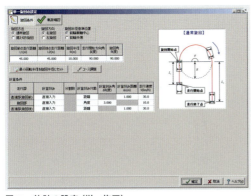

図45　軌跡の設定（単一旋回）

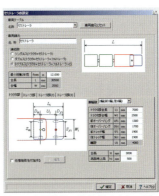

図46　車両諸元の設定（セミトレーラ）

車両の詳細形状を図面に反映

　車両の詳細形状がある場合、図面に反映することが可能です。車両の詳細形状はCADデータ（DWG、SXFなど）をインポートし、読み込んだ詳細形状と簡易（矩形）形状をすり合わせます。計算した軌跡の中から詳細形状を反映する軌跡を指定すると、図面生成で指定した軌跡が詳細形状で作図されます。

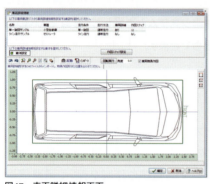

図47　車両詳細情報画面

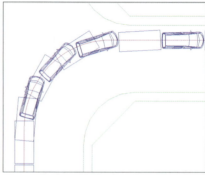

図48　車両の詳細形状を反映した図面生成

コース設定、走行チェック

　コース設定では、マウス操作や座標の直接入力により作成を行います。コースは既存のCAD図面を読み込むこともできます（SXF生成ツールにより画像ファイルなどからCADファイルを作成することも可能です）。また、コースに対して接触判定線を設定することにより、走行チェックを行うことができます。

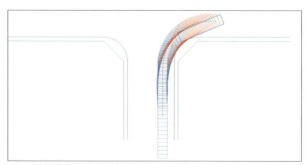

図49　軌跡確認（赤色が接触軌跡）

セミトレーラの切り返し走行をチェック

　セミトレーラの切り返し走行のシミュレーションについて、切り返しに必要なセミトレーラのバック走行は、フォーラムエイト独自の方法を考案しています。基本的には前進の手法を応用したような方法で走行軌跡を計算し、図50、51のように作図を行っています。

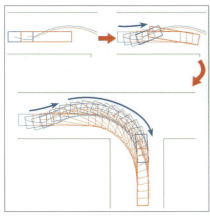
図50　セミトレーラの後退の軌跡例

図51　3D-VRによる可視化

車両軌跡をVRでシミュレーション

　車両軌跡作図システムからOpenMicroSimファイルを作成し、VRソフトウェアUC-win/Roadで3Dシミュレーションを行うことができます。作図どおりの走行のほか、VR空間の中でプロのドライバーが運転して確認することも可能です。

図52　車両軌跡走行VRシミュレーション作成例

図53　直角旋回

図54　組み合わせ走行（ライン走行＋切り返し）

作図した駐車場をVRでシミュレーション

　駐車場作図システム（開発：フォーラムエイト）は、指定された規格の駐車マス寸法に基づいた駐車場設計を支援（平面図作図）するCADシステムです。駐車場区画（外周、車両出入り口、通路など）を作図すると、区画内に駐車マスを自動配置することが可能となります。駐車マスを個別に編集する機能も備えています。

　また、作成した駐車場図面を「車両軌跡作図システム」に連携させることで、駐車マスの出入りに問題がないかの検討が可能となります。

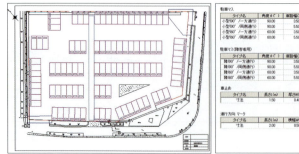

図55　駐車マスの一括配置

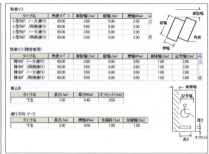

図56　駐車マス寸法設定

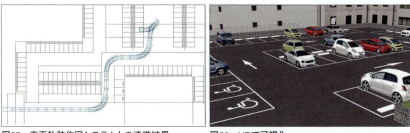

図57　車両軌跡作図システムとの連携結果　　図58　VRで可視化

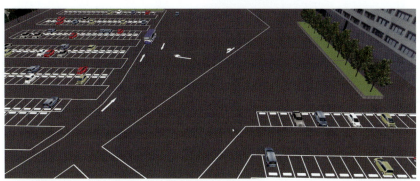

図59　駐車場モデルをVRに読み込んで走行軌跡をマイクロシミュレーションプレーヤーで可視化した例

応用事例：VRによる空き駐車場検索・ナビ

　駐車場作図データとVRとの連携をクラウドで活用することで、利用者の近辺の空き駐車場を検索し、サーバ上のVRモデルを連動させて、ルート予約と駐車場へのナビゲーションを行うシステムなどにも応用できます。

図60　VR-Cloud® Parking NAVI

5 BIM/CIMモデルを機器や クラウドとつなごう

UC-win/Roadのようなソフトウェアには、VRのインターフェースを用いて、ドライブシミュレータ、ヘッドマウントディスプレイ、UAVなどの様々な機器と接続されたシステムの構築が柔軟に行えるという特徴があります。クラウドシステムと連携により、タブレットなどでの使用も可能になります。BIM/CIMモデルをVRと連携すれば、データの活用範囲がさらに広がります。

1 設計された道路を ドライブシミュレータで運転

情物一致に基づく施工管理や維持管理は、BIM/CIM活用の最大のメリットといえますが、ドライブシミュレータ（DS）もまた、道路と車の両方について情物一致を実現できるツールです。今後、自動車メーカーで急速に開発が進む自動運転や、その性能をさらに引き出せる道路やレーンの開発にも役立つことが期待されます。

道路設計からその上を走る車の開発まで

　3次元VRソフトUC-win/Roadはもともと、複雑な構造やマーキング、標識を持つ日本の道路や交差点を3次元で設計するための支援ツールとして2000年に開発されたものです。以来、機能拡張が行われ、ビルや公園などをリアルに再現したまちづくりの合意形成ツールやドライブシミュレータ、そして津波や洪水、土石流などをリアルな3D動画として表現する災害シミュレータなど、機能の幅を広げてきました。

　特にドライブシミュレータとしての性能は、道路設計を行う建設コンサルタントや、安全運転の方法を指導する公的機関のほか、自動車を開発する自動車メーカーにも適用されており、道路設計だけでなく、その上を走る車自体の設計・開発のために使われる例が増えています。

機器と連携して実際の道路と車両の相互作用を再現

　そこで開発されたのがUC-win/Road対応の「ドライブシミュレータプラグイン」です。UC-win/Roadにも標準でドライブシミュレーション機能が備わっていますが、このオプションにより、実際の車の構造に基づいて運転中の各部分の動きを精密に再現できます。

例えば「エンジン+伝達モデル」は、エンジンの回転をクラッチやトルクコンバーターを介して変速装置に伝え、さらに駆動装置を介して前後左右のタイヤを回すまでをモデル化しています。そのため、運転者がアクセルペダルを踏むと、エンジンの回転が上がり、トルクコンバーターや変速機が作動し、その結果がタイヤに伝わる、といった過程が実物同様に再現されるのです。

　また、道路と車の間の相互作用も精密にモデル化されています。路面とタイヤの間の摩擦係数を考慮して、加速時にはタイヤ1本ごとにかかる力と車両の質量から加速度を計算しています。もちろん、路面が乾燥しているとき、ぬれているとき、凍結しているときで摩擦係数は変わります。

　このほか、エンジン音、風切り音、路面材料による転がり音、周辺車両のエンジン音など、リアルな音響システムも備えています。

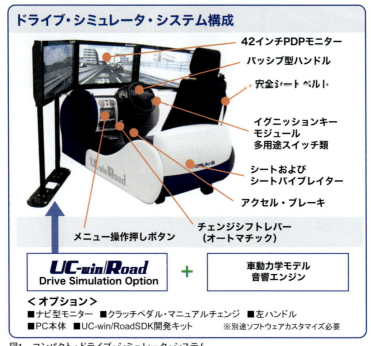

図1　コンパクト・ドライブ・シミュレータ・システム

運転シミュレーションで多様な条件を再現

　例えば、「シナリオ機能」では、気象の変化や歩行者の飛び出しなど、運転中に起こる様々な出来事を「条件」と「アクション」によって運転者に体験させることができます。いろいろな交通状況に対して、運転者の反応を分析したり、意見を聞いたりするために使います。

図2　安全運転教材のシナリオ体験（市街地コースの飛び出し）

　「リプレイ機能」は、ある運転者がとった行動をVRのすべての要素によって記録するものです。例えば安全運転の練習を行う運転者は、自分の運転が歩行者や他車からどのように見えるのかを客観的に確認できます。

　運転中に車から排出されるCO_2は、旅行時間、旅行距離、車速変動特性の3つの要素から計算することができます。「エコドライブプラグイン」というオプションを使うと、運転中に発生するCO_2を、ドライブシミュレータで運転したときの記録（ログ）から計算できます。これは省エネ運転の訓練や車両開発などに役立ちます。

道路と車両方の「情物一致」を実現

　自動車メーカーが車の開発にドライブシミュレータを使うメリットは、いくつもあります。まず、事故を再現する実験や訓練でも安全に行えること、同じ条件下で何度も繰り返し実験できること、天候や時間に制約されず、スピーディ

に実験できることなど、数えきれません。

　これらのメリットが生まれる根源は、車や道路の構造、交通流、気象などの「実物」と、VRやドライブシミュレータという「情報」とを一致させる「情物一致」にあるともいえます。これにより、実車を使った実験を、情報を使った実験に置き換えることができます。

　自動車業界では建設業界より10〜20年も早く、3Dによる設計手法が普及してきました。かつて新車の開発作業では何台も試作車を作って衝突実験を行うなど、費用と時間がかかる作業が必要でした。それが、コンピュータ上のシミュレーションで置き換えられるようになり、新車開発スピードがぐんとアップしました。

　ドライブシミュレータは、道路と車の両方について情物一致を実現できるツールです。現在、自動車メーカーで急速に開発が進んでいる自動運転車の開発や、その性能をさらに引き出せる道路やレーンなどの開発にますます使われるものになるでしょう。

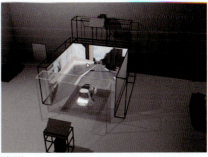

図3　大型4K5面立体視ドライブシミュレータ（名古屋大学）

図4　車両性能実証装置 高精度ドライブシミュレータシステム（九州大学）

2 街中の風をリアルに体験 模型とVRとファンの融合システム

BIM/CIMモデルを3Dプリンタで模型出力すると、全体像の把握や構造物の納まりが直感的に理解しやすくなります。これにVRが得意とする多様な視点からの検討や日影・気象変化、交通流などの要素をミックスし、風解析結果を可視化するだけでなく、ファンと連携して実際に風を起こすことで、体感度が深まります。

BIM/CIMモデルを模型出力

　BIM/CIMモデルであれば、3Dプリンタにより、実際の「模型」として出力できます。UC-win/Roadでは、対象のモデルを取り込み、周辺の地形や道路、建造物などをまとめて出力できるため、都市全体や広範囲の山地など全体像の模型化を行うことができます。

模型とVRの長所をミックス

　模型の長所として、長大な構造物や都市空間の全体像、地形に対する施設や構造物の納まり、構造物相互の形の納まり、構造物自体の形状などを直感的に理解しやすいこと、複数人が同時に任意の視点から検討できること、検討者が直接触れられることなどがあります。一方、VRは歩行者、運転者など様々な視点からの検討が容易であること、交通流の表現や天候条件の変更などのシミュレーションを動作できるといった長所があります。

　模型とVRを連携させたシステムにより、任意の地点を模型上で素早く指定して、VR上にその景観を描画するといったことが可能となります。レーザポインタを使用して検討したい視点を模型上で指し示すことで、VR空間内での移動や視線方向の変更が行えます（2-4参照）。

風解析の結果から実際に風を起こす

　VR空間での風解析結果の可視化については、4-11で説明しましたが、これは可視化に加えて、実際に風を体感できるシステムです。

図5　3Dプリンタ出力による模型

図6　風解析シミュレーション

　OpenFOAMによる風流体解析の結果を元に、模型で指し示された視点に合わせてファンが実際に風を送ります。風の強さ、風向きなども再現されます。また、騒音・音響シミュレーションなどの各種解析結果と組み合わせることにより、多様な情報をVRで分かりやすく確認できます。

図7　スパコンクラウド®　Wind Simulator
　　（風体感システム）

3 無人運転車をBIM/CIMモデルでテスト 自動運転・安全運転支援

カーロボティクスプラットフォームとVRソフトを連携し、VR空間を運転することにより現実空間でモデルカーを制御することができます。VR空間の利用により精緻な空間表現、多様な交通環境・シナリオを試行可能です。自律走行などカーロボティクスの研究開発、先進安全自動車やITSの研究開発に活用されます。

スケールカーとVRの連携シミュレーション

ロボット技術を搭載したカーロボティクスプラットフォーム「RoboCar®」（開発：ZMP社）とVRソフトUC-win/Roadを連携させたシステムにより、VR空間を運転することで、実車の1/10スケールモデルカーを現実空間で走行させることができます。VRでは、BIM/CIMモデルを読み込んだ精緻な空間を表現し多様な交通環境を設定できます。一方、RoboCar®は実車の10分の1のスケールモデルという特徴を持ち、現実空間を走行できます。これらの特徴を組み合わせ、仮想空間では検証できない複合現実上でのシミュレーションが可能となります。

図8　UC-win/Road for RoboCar®（左：模型を走行した例、右：VR上の表示画面）

マニュアルモードで走行する場合、VR空間内をハンドルやアクセル、ブレーキなどで入力したUC-win/Road制御値をRoboCar®に送り、RoboCar®はセンサからデータをリアルタイムに返します。

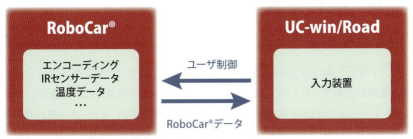

図9　RoboCar®とUC-win/Road間のコミュニケーション

自律走行などカーロボティクスの研究開発、先進安全自動車やITS（高度道路交通システム）の研究開発に活用できます。

自動車運転支援システムの実証実験への発展

無人化可能な自動走行から発展し、より高い安全性の実現のため、車両周辺状況を他車両や道路に設置された機器と協調してセンシングし、高度な解析情報を各車両、ネットワークで処理するといった自動運転支援システムが研究されています。それらの新たな実験環境であるドライブシミュレータと、自動運転実験のための遠隔操作可能な実験用車両を導入し、無線ネットワークを介して相互連携できる実験環境が構築されています。

図11　ドライブシミュレータと遠隔操作可能な実験用車両（同志社大学モビリティ研究センター）

4 プロジェクションマッピングを制作・実施する

イベントなどにおける土木構造物へのプロジェクションマッピングには技術的に様々な難しさがありますが、点群データからの3Dモデル作成とこれを活用したVRシミュレーションにより、投影対象・周辺の計測、投影検討、イベント当日の群集の流れの再現・確認、関係者間での合意形成なども可能になります。

プロジェクションマッピングに必要なこと

プロジェクションマッピングは、建物などの凹凸のあるスクリーンに映像をピッタリと合わせ、視角によって影ができないように工夫したり、限られた出力のプロジェクターを複数配置することで必要な明るさを確保したりと、様々な技術的要素が求められます。

さらに、イベントとして大規模に行う場合は広告を通じたタイアップも欠かせないので、スポンサーに対して誤解のないように説明し、事前に合意形成を行ったり、イベントの実施によって広告効果を高めるための方法を検討しておくことも求められます。

また、プロジェクションマッピングをイベントとしてまちなかで行うには、観客の動線計画や交通規制、渋滞防止など、会場周辺の道路を含めた多角的な検討や計画を行うことが必要です。

道路やまちなみの計画などで使われるUC-win/Roadでは、このようなプロジェクションマッピングの実施検討が行えます。映像を建物に合わせて映写したり、道路などとの位置関係を法的にクリアしたりする計画から、プロジェクターや観客の配置、一度に鑑賞できる人数の検討まで行えるため、制作から実施までのフローで広く活用できます。

点群による3次元モデルを使ってVRで投影検討

　投影対象および周辺環境の3D計測を行って得られた点群データは、容易にUC-win/RoadのVRモデルとして構築できます。このモデルからは3Dプリンタでスケールモデルを出力して、投影イメージや様々な位置からの見え方の検討が行えます。また、群集・避難解析ソフトのEXODUSで行った解析結果をVRにインポートすることで、当日の観客の動線確認も行えます。発注者への説明も含め、関連する様々な用途での活用が可能となるのです。

図12　点群データとVRのプロジェクションマッピングへの活用フロー

UC-win/Roadで投影シミュレーション

　点群計測とモデリングにより3Dで忠実に再現された投影対象と周辺環境のVR空間に、モデル一覧からプロジェクターを選択して配置します。

　このプロジェクターのモデルは、外形だけでなく、所定の画角や方向に動画を投影する機能も備えているため、UC-win/Roadの3D空間内でプロジェクターのモデルを上下左右に動かすと、投影される映像もそれに従って移動します。建物や人などにプロジェクターの光が遮られた部分は影になります。

　さらに、モデル一覧から立ち見客を選択して、プロジェクターと投影対象である建物の間に配置します。立ち見客の背中に映像が映りこんで、建物に映る映像に頭の影が入ってしまわないように、立ち見客をどこまでバックさせればいいかを、UC-win/Road上で移動させながら検討できます。

図13　UC-win/Roadで忠実に再現された投影対象と周辺環境（東京都目黒区・円融寺境内）

　続いて、座った観客をその前のスペースに入れます。先ほどと同様に、座っている観客の3Dモデルを選び、立ち見客の前に配置します。そして立ち見客や建物などとの距離をUC-win/Roadの機能で計測することもできます。このようにして、座っている観客と立ち見客を入れる範囲を決定します。

図14　立ち見客からの見え方をシミュレーション

　最後に、観客からの視点でプロジェクションマッピングの画像がどのように見えるのかを、視点を移動させて確認します。このようにして、できるだけ多くの人が、プロジェクションマッピングを楽しめるよう、観客の配置や席数をわかりやすく検討することができます。

5 点検用ドローンの飛行をコントロールする

社会インフラの老朽化が進むなか、橋梁などの構造物を効率的に低コストで調査・点検する技術が求められています。近年登場した比較的安価な自律飛行型無人機（UAV）は、このようなニーズに応えるものとして期待されていますが、操縦の難しさなどの課題があります。3次元VRとUAVを連携で、このような課題を解決できます。

建設分野でのロボット技術活用

　近年、自動飛行ロボットによる農場管理や構造物調査のシステムの開発が進められています。国交省の次世代社会インフラ用ロボット（2014年4月）にも採択されたフォーラムエイトのシステムは、現場検証・評価の対象とするロボット技術・システムに対して、3次元VRと連動させた遠隔操作が可能な自律飛行型無人機（UAV）による構造物調査システムを提案したものです（図15）。老朽化して補修や補強が必要な橋梁を詳細に点検するのに、大きな重機やクレーンを用いるとなると、準備や手間が大変でコストもかかります。近接目視にロボットを使えば、安全で迅速に点検や管理が行えます。

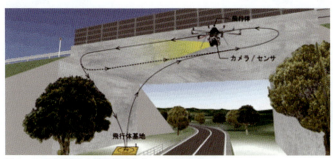

図15　UAVを活用した構造物調査（UC-win/Road）

自律飛行UAVをVRで操作する

　カメラや赤外線カメラ、温度・湿度センサーなどを搭載したUAVを、橋梁やダムの周辺で飛行させ、写真や動画のほか様々なデータ収集を遠隔操作で行う場合、UAVが構造物に張り付くように飛行することが求められますが、目視による操縦は高度なスキルを要します。UC-win/Roadでは、構造物と周辺環境の3DVRモデルを構築し、飛行ルートを3DVR空間上で計画・設定できるため、このような課題が解決できます。UAVプラグインでUC-win/RoadとUAVを連携させることにより、UAVは設定したルートを自律的に飛行してくれるので、調査者は構造物の点検業務に集中できます。

　また、UAVから撮影した写真や映像などを地上に送信し、UAV周辺の構造物をリアルタイムに3Dモデル化することも可能となるため、構造物の3Dモデルを作りながら、構造物と適切な距離を自動的に保って飛行し、構造物のBIM/CIMモデル作成を行うことも考えられます。

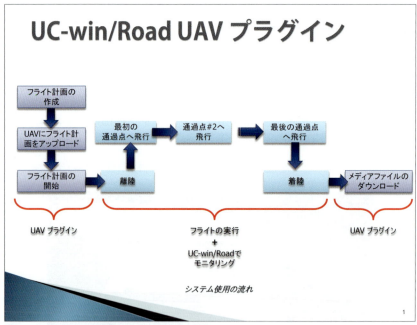

図16　UC-win/Road と連携したUAVシステムの機能

UAVプラグインの機能

　UC-win/Road 上で通過点を選択し、通過点上での行動（写真撮影や録画開始など）を追加することで、フライト計画を作成します。計画情報がUAVにアップロードされると、UAVは自動的に離陸してそれぞれの通過点を通過し、行動が設定されている場合は計画どおり実施して、完了後は自動的に着陸します。写真や動画のメディアファイルはUC-win/RoadからWi-Fiネットワークでダウンロードして、データとして活用できます。

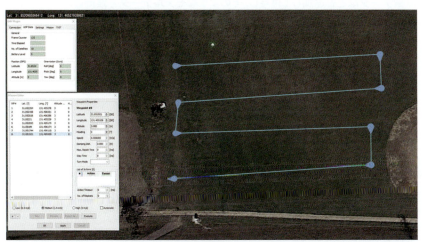

図17　UC-win/RoadでのUAVプラグインと飛行編集画面

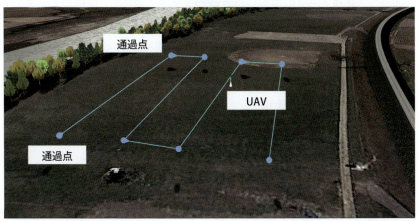

図18　飛行計画の実行

6 BIM/CIMモデルを使った維持管理

BIM/CIMでは、対象物の最初の構想データに加えて、設計データ、施工データ、点検データなどを追加して付与し、そのようなモデルデータを維持管理の段階でも活用することを想定しています。

計画と現況のデータを比較して維持管理に利用

　BIM/CIMでは対象物のライフサイクルを通して、共通のデータを利用します。最初の設計時点において作成したVRデータを、この共通データの一部として保存しておきます。

　保守管理のためには、対象物の歪みや亀裂などの現在の形状を把握しなければなりません。それ以降は、このための点検データとしてUAVによって撮影された写真やレーザスキャナ計測などによる点群データが用いられることになるでしょう。

　ここで、共通データの中から設計時のデータを引用し、点検のデータとして得られる点群データを重ね合わせることにより、両者の差異を比較することができます。これは出来形管理プラグイン（開発：フォーラムエイト）として実用化されています（図19）。

追加工事でもVRを活用

　また、単なる原状復旧のみならず、追加の改良工事を行いたい場合があります。例えば、道路の建設時は沿線が農地であったものが、その後開発され、市街地となったため、道路騒音の対策が必要となり、防音壁を追加で設置するなどの場合が考えられます。

　この際の関係者間の合意においても、やはり3次元的な計画イメージが必

要になるでしょう。当初の設計時のVRデータが保存されていれば、そのデータを一部修正するだけで、防音壁の工事のプレゼンテーション資料とすることができます。

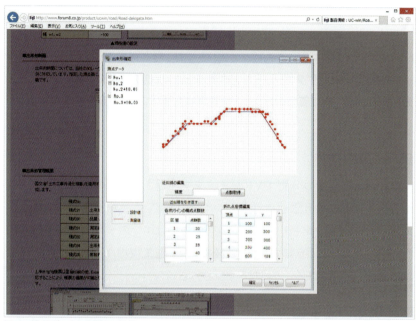

図19　設計データと点群との比較

7 タブレットとARによる 図面レス施工管理

AR（実空間に仮想モデルを合成して表した空間）技術の進歩により、建設現場で従来の図面を用いず、タブレットなどの画面上にARで新設の構造物を詳細に表示することにより、施工管理を行うことが現実味を帯びつつあります。

デバイスの進歩

　現在、情報技術の分野でVRがますます注目されると同時に、ウェアラブルデバイスの技術も急速に進歩しつつあります。この両者を結ぶのがタブレットやヘッドマウントディスプレイです。当面はエンターテインメント分野での応用が先行するようですが、その後まもなく施工現場などその他の各分野の業務でも応用されることになるでしょう。

施工現場の効率化

　近年、国土交通省により「i-Construction」が提唱されています。これが目指す方向は「現場での紙の図面への依存を減らす」ことであるといわれています。例えば、タブレットなどに図面などの設計データを収め、現場に持参して参照するなどの方法が考えられます。

　現在、フォーラムエイトが開発を進めているものとして、UC-win/Roadで作成した線形オブジェクトや、UC-1シリーズなどで設計した構造物のインスタンスに公共測量座標系の座標値と標高を与え、このデータをロードしてタブレットで操作可能とするシステムがあります。

　タブレットではGPSとジャイロを連携動作させます。工事現場では監督がそのタブレットを操作し、現状の地物と計画物件とを重ねて視認しながら、管理を行うことを想定します。ここでタブレットに表示される計画物件の形

状は、そのまま電子丁張りに相当します。

　さらに、タブレットに加えて、ヘッドマウントディスプレイとの連携が進めば、両手を自由に使って現場管理が行えるようになります。

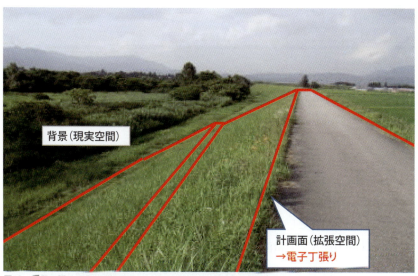

図20　電子丁張りのイメージ

土木分野特有の問題の解消

　このような場合、自然地形との整合が課題となります。建築の場合、重要になるのは基礎工事程度であり、建築の躯体部分の施工については地形を意識する必要はほとんどありませんが、土木構造物は地面の表面または下に作られるため、地形との関係を意識しなければならず、機械や設備の分野とも状況が異なります。

　土木分野では地形を定量的に表すために、等高線やTINなどの方法を工夫していますが、しばしばデータ量が膨大になり、構造物との取り合わせやブレークラインの割り出しに多大な労力を費やします。タブレットなどの導入により、現状の地形データと計画の構造物データとを単純に重ね合わせて表示するだけでよくなれば、この問題は解決します。

8 土量計算システム

作成された土地造成データをもとに、切り土、盛り土の土量を計算し、さらに得られた地表面データを電子丁張りデータとして利用することで、情報化施工の推進が試みられています。ここでは情報化施工につながるシステムの展望を紹介します。

土量計算システムの概要

　ここでは、現在、フォーラムエイトで進められている土量計算システムの概要を紹介します。例として、ある造成面を想定し、任意の高さにポリゴンを作成して、計画の高さまで鉛直移動を行い、法面を定義します（図22）。

図21　宅地造成の例

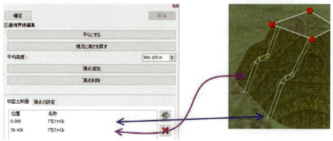

図22　法面の定義

この操作を、造成面の数だけ繰り返すことにより、造成形状を作成できます。このあとで土量計算を行います。計算方法は、原地盤と計画地盤との間に柱状の要素を考え、それらを積分することになります。

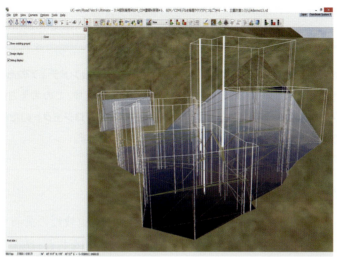

図23　土量計算用の柱状要素

　ここでは、地盤面のデータを施工前と施工後とでダイナミックに扱うことを考慮しています。したがって、ある段階の造成面を次の段階の施工前の地盤面として入力することにより、段階施工を表現できます。このとき、各段階の法肩、法尻など、ブレークライン上のいくつかの点の座標値と高さを記録することにより、電子丁張りのデータとして利用できます。

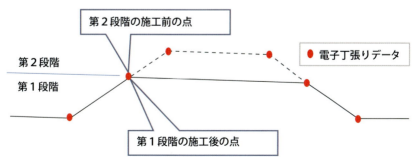

図24　段階施工の中間データ

9 デザイン・レビュー・クラウド

公共的な設計における合意形成のためのコミュニケーションメディアのあり方として、「デザイン・レビュー・クラウド」という考え方があります。この考え方にマッチしたクラウドシステムVR-Cloud®は、まちづくりなどのプロジェクトのためのオンラインでの協議や、デザインコンペなどで利用されています。

デザイン・レビュー・クラウドの思想

　ArchiFuture2012における慶應義塾大学池田靖史教授の講演で、公共的な設計行為についてBIMとネットワーク技術で情報を共有・議論し、合意形成や意思決定を支援するためのコミュニケーションメディアとして、デザイン・レビュー・クラウドという考え方と以下3つのポイントが提示されました。VR-Cloud®（開発：フォーラムエイト）は、このデザイン・レビュー・クラウドを実現しています。

- 多様な人々が時間や空間に拘束されずに参加でき、検討の幅を大きく広げることのできる可能性があること
- これまで見落とされていた視点や合意形成へのプロセスとなることが期待されること
- 既存の建築設計コンペのあり方を変えていく存在であること

クラウド型合意形成システムVR-Cloud®

　VR-Cloud®はクラウドサーバ上で3次元VRを利用する合意形成ソリューションです。インターネット環境さえあれば、シンクライアントでもVR空間を操作できるため、誰でも利用することができます。初版リリースの年に、経済産業省の「産業技術研究開発委託費（次世代高信頼・省エネ型IT基盤技

術開発事業）」（2010年度）において、「クラウドコンピューティングによる合意形成支援仮想3次元空間の利用サービス」として採択され、開発されてきた経緯もあります。

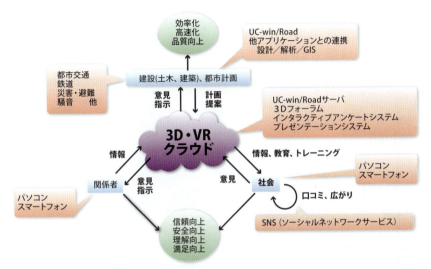

図25　VR-Cloud®の仕組み

適用事例

豊田市低炭素社会システム実証プロジェクト

　豊田市低炭素社会システム実証プロジェクトにおいて移動（交通）分野として、現地調査に基づく3次元VRで、超小型EV車の駐車、充電の手順などを仮想的に表現し、運用のための協議に使用されました。

図26　オンラインでの協議に使用されたVR-Cloud®

下関市豊前田まちづくり協議会

　下関市豊前田の細江地区におけるまちづくりで、大阪大学大学院工学研究科環境・エネルギー工学福田知弘研究室が、地元の関係者や、遠隔地にいる設計者、技術者とのデザインミーティングにVR-Cloud®を使用しました。図27は、VR空間に案を手書き入力をしながら、ビデオ会議システムを使用して協議している様子です。

図27　VR-Cloud®でのデザインミーティング

コンペでの活用事例

　「3D・VRシミュレーションコンテスト オン・クラウド」（図28）、「Virtual Design World Cup」（BIM/CIMおよびVRを活用した学生を対象とする国際コンペ）、「Cloud Programming World Cup」（開発キットによるクラウドアプリのプログラミング技術を競うコンペ）では、VR-Cloud®を使用して、クラウド上での作品公開、一般投票、最終審査などを行っています。

　また、5-11でも紹介している「Arcbazar」は、建築やインテリアのデザインが世界中から集められるクラウドソーシングサイトです。フォーラムエイトは、Arcbazarをプラットフォームとしてデザインシミュレーションが利用できるサービスを提供しています。2016年2～6月に開催された、オバマ記念館（Obama

Presidential Center) のデザインコンペを仮想的に開催するイベントでは、BIMモデルを統合したVRデータがVR-Cloud®を通して公開され、世界中から一般投票が可能な作品閲覧システムで利用されました。

図28　第14回3D・VRシミュレーションコンテスト オン・クラウド グランプリ
　　　「竹築市城下町地区のまちなみ提案確認モデル」

10 自主簡易アセスと環境解析・シミュレーションソフト

現在、中小規模の事業でも「自主簡易アセス」を行い、事業者や住民などの環境コミュニケーションを育てることで、環境配慮の質を高めることを目指しています。BIM/CIMモデルを3次元VRに統合し、様々な環境シミュレーションを実行、合意形成に利用することで、これまでの環境アセスメントに変化をもたらします。

自主簡易アセス支援サイト

　NPO法人地域づくり工房は、環境アセスメントの手法に3次元VRを取り入れ、合意形成プロセスに役立てています。環境アセスにおいて3次元VRを利用することの利点として、可視化、統合性、可変性があります。これらは、まちづくりなどの分野にも共通していますが、予測・評価という点で、環境アセスメントでは有益と考えられています。

　NPO法人地域づくり工房が開設した自主簡易アセス支援サイトでは、国や自治体の環境影響評価制度の対象とならない規模や種類の事業でも、事業者が自主簡易環境アセスメントを行えるよう、参考となる情報が提供され、企画・設計とシミュレーションを支援しています。事業の環境影響診断、太陽光パネル反射光の簡易シミュレーション、緑視率計算サービスを紹介します。

事業の環境影響診断

　環境影響度の簡易チェックを行うため、事業に関しての質問に答えることで、環境配慮事項の簡易診断を行い、アセスの設計案の作成までが行えます。

図30　事業の環境影響診断（左：簡易チェック質問項目（事業別メニュー）、右：実施計画書素案作成）

太陽光パネル反射光シミュレーション

　サイトでは、太陽光パネル設置場所の緯度・経度と太陽光パネルの斜度を入力することで、太陽光パネルからの反射を簡易シミュレートできます。また、本格的なソリューションとしては、3次元VR上で、任意の場所の太陽光パネルからの反射光の行方を可視化させることができます。

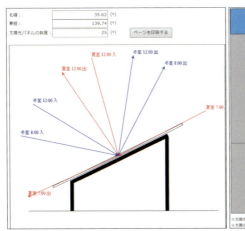

図31　太陽光パネル反射光簡易チェック

緑視率計算

　評価対象の建造物などを視界に入れた際、視界に入る自然の緑の割合＝緑視率を計算できるサービスです。国交省による社会実験では緑視率が25％以上確保されていると人は安心感を覚えるとされ、再開発計画や道路設計、公園造成などの計画の検討材料にすることを目的とされています。

図32　緑視率計算

自主簡易アセス事例

長野県大町市「中網南側土石採取事業」

　2012年に計画された長野県大町市の中網湖南側骨材用原石を採取する事業についてのアセスメントを紹介します。事業主が環境影響と対策について住民説明を行うため、NPO法人地域づくり工房の協力により、アセスメントが行われました。開発行為者（民間企業）とNPOの協働による環境アセスとして日本初の事例です。

　3Dモデルや収集した写真を使って再現した3次元VRを使って、様々な視点からの景観や日照の変化、事業に伴う大型車の往来（交通）、風向の影響を確認できるようにしました。

3次元VRを利用した地元説明会、Webでの意見聴取、事業者との協議などを経て、環境保全対策の修正案が作成されました。
　案には、汚泥流出対策の強化、景観対策の強化、騒音対策の強化などが盛り込まれました。
　景観対策では平面的な切り土面をやめて湾曲のある切り土面への変更が3次元VRに反映され、検討されました。

図33　「中網南側土石採取事業」VRデータ

養魚場跡地太陽光発電所計画

　太陽光発電事業の特定目的会社が、長野県北安曇郡にある養魚場跡地に太陽光発電所を設置しました。申請が必要な一定規模以上であったため行われた当初の開発申請で、町は「立地不可」と決定しました。そこで事業者は、環境面への影響を調査し、対策を提示した上で、再協議を求めたいと考え、アセスメントが行われました。
　アセスメントで重点的に評価する項目として、景観、光害、電波障害、工事車両が設定されました。この中で、景観と工事車両については3次元VRで確認・評価が行われました。また、光害として太陽光発電パネルからの反射光が影響する範囲を確認するため、UC-win/Roadに示される緯度・経度か

ら、反射光の範囲が計算されました。この時のノウハウが、太陽光パネル反射光シミュレーションの開発につながりました。

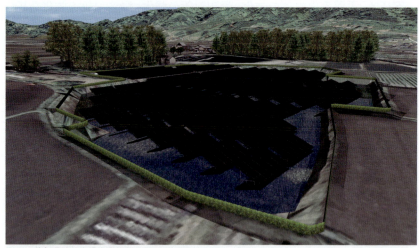

図34　養魚場跡地太陽光発電所計画VRデータ

　なお、これらの事例は、環境省事例集『自主的な環境配慮の取組事例集〜環境配慮で三方一両得〜』に掲載されました。

環境アセスメントで利用される3次元VR
　太陽光パネル反射光シミュレーション、緑視率計算は、自主簡易アセスサイトでの簡易版だけでなく、UC-win/Roadで利用できるツールとしても開発されています。UC-win/Roadは太陽位置や他の建物などから生じる日影を計算できる機能を備えており、任意の場所にある建物の日影が生じる時間を計測できるツールも開発されています。その他、UC-win/Roadにすでに実装されている交通シミュレーション、騒音シミュレーション、風シミュレーション、施工シミュレーションも環境アセスメントに応用できる技術です。

11 Arcbazar+ProjectVR

BIM/CIMを活用する動きは、設計行為や意思決定そのものを変えつつあります。建築設計のクラウドソーシングサイト「Arcbazar」と、持続可能性の観点からの評価材料を提供し、発注者による意思決定を補助するシステム「ProjectVR」が融合し、民主的なプロセスにより、プロジェクトの価値を高められる新たなサービスが生まれています。

クラウドによるコンペと環境アセスの融合

Arcbazarとは

　建築設計のクラウドソーシングサイト「Arcbazar」（http://www.arcbazar.com/）では、発注者がプロジェクトの説明やスケジュール、賞金などを設定し、コンペを開始できます。世界中の設計者は公開されたコンペに応募でき、最終的に複数の設計者による案が応募されます。発注者により決定される上位の設計者に賞金が分配されるシステムです。

　現在、提出プロジェクト数は5000件、登録デザイナーは15,000人を数え、リフォーム、造園設計、インテリア設計、住宅設計、公共・商業施設設計の分野で、今現在も数多くのコンペが開催されています。応募案の多くで、3次元モデル、BIMによる設計が行われています。BIMモデルを利用して図面やパース図を作成することで、募集開始から締め切りまでの期間が短くても、レベルの高い作品が集まります。

ProjectVR

　ProjectVRは、各種事業に対して、持続可能性の観点からの評価材料を

提供し、発注者による意思決定を補助するシステムを建築コンペにアドオンするプロジェクトです。

　持続可能性の評価材料提供と、VR空間への出品、シミュレーションのために5-10で説明した「自主簡易アセス支援サイト」の仕組みと、3次元VRをクラウドサーバ上で利用可能な合意形成ソリューションであるVR-Cloud®を活用しています。

　発注者側は敷地の情報をVRで提供、さらにシミュレーションを用いて応募案の客観的な評価が可能になります。VRを利用することで、2次元の画像処理ソフトによるパース図表現が上手なだけの案にとどまることなく、実際に建設された時のイメージをよりリアルに体感することができるようになります。

図35　Arcbazar+ProjectVR

Arcbazar+ProjectVR

　「Arcbazar＋ProjectVR」は、建築コンペサイトArcbazarをプラットフォームとして、フォーラムエイトのVRシミュレーションサービス、自主簡易アセス支援サイトを融合したものです。Arcbazarでコンペを開催することで複数の案を集めることができると同時に、自主簡易アセスやVRによる検討を活用することで、提案されるプロジェクトの価値をより高められます。

　Arcbazarは、誰もが気軽にデザイナーに設計を依頼でき、プロジェクトの質を高めるためにオープンな審査が可能な点で、民主的で透明性の高いデザインプロセスを提供するシステムといえます。また、5-9で紹介している

「VR-Cloud®」も、企画・設計段階から施工段階に至るまで、より迅速で透明性の高い合意形成を図れるシステムです。

自主簡易アセスは、今後ますます透明性を求められる社会において、企画段階や住民説明といった場において必要とされるものといえます。Arcbazar+ProjectVRは、これからの社会に求められる設計、意思決定の新しい形といえるでしょう。

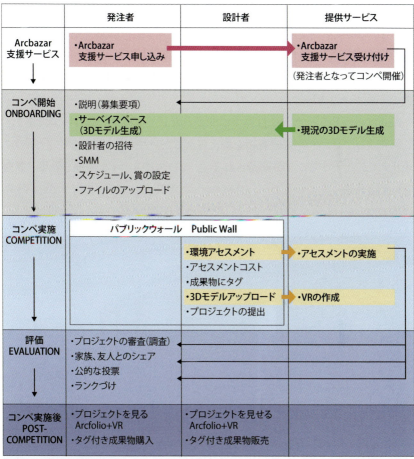

図36　Arcbazar+ProjectVR

テストケース

フォーラムエイトにより3つのコンペが開催されました。
- フォーラムエイトTAKANAWAハウスファサードコンペ
- フォーラムエイトTAKANAWAハウス外構コンペ
- フォーラムエイト東京本社ショールームインテリアコンペ

ファサードコンペについては、わずか10日足らずの応募期間にもかかわらず29件の応募がありました。これまで、アイデアコンペ開催といえば、賞金と審査員の謝礼、会場代、宣伝費用などで、通常100万円以上はかかりました。テストケースでは、どれも1,000ドル前後の開催費用で、前述のように多数の応募がありました。

Arcbazar+ProjectVRは世界中に開かれた民主的な評価システムであり、これによってコンペの開催費用を抑えられるだけでなく、結果的に計画のクオリティが向上することが期待されます。このスピーディな開催、募集、審査という流れを支えているのが、BIMモデルをVR-Cloud®で共有するという先進的なソリューションなのです。

図37　TAKANAWAハウスファサードコンペ

図38　東京本社ショールームインテリアコンペ　　図39　TAKANAWAハウス外構コンペ

オバマ記念館コンペ

　Arcbazarのサイトで、アメリカのオバマ大統領のための特別なライブラリーを設計する、オバマ記念館（Obama Presidential Center）の設計コンペが話題を集めました。

　2016年2月に募集開始、5月31日で応募が締め切られ、6月16日、シカゴのBuiltwolrds社で最終審査と授賞セレモニーが行われました。全世界から296のエントリー、33作品の応募があり、世界中のArcbazarユーザによる一般投票を経て、最終的に絞られたトップ12作品について、著名な建築家やデザイナーによって審査が行われました。

　フォーラムエイトは、このコンペでProjectVRのシミュレーションサービスを提供しました。具体的には、応募段階での敷地周辺VRの公開、審査期間ではトップ作品のBIMモデルをVRに読み込み、VR-Cloud®で公開しました。

　Arcbazarで開催されるコンペは、世界中に開かれているため、応募者（設計者）は世界中のあらゆる地域にいます。敷地を実際に見に行くことができない応募者には、敷地のVRデータは役立ったことでしょう。

　上位作品のモデルデータをVRに統合し、一般投票のユーザや審査員が、VR-Cloud® Clientを使い、PCやAndroid™から、作品の閲覧と体験を通じたよりリアルで実際的な審査ができるようにしました。

第5章 BIM/CIMモデルを機器やクラウドとつなごう

図40 「オバマ記念館」仮想コンペのVRデータ

6 BIM/CIMを支える技術力
～フォーラムエイトの最新技術～

BIM/CIMの機能を実現するために、その背後に多くの要素技術が活用されています。伝統的な部分では、長年蓄積されてきた建築と土木の設計技術、物理学や数学の基礎理論などがあり、比較的新しい分野としては、人工知能、クラウドなどが考えられます。フォーラムエイトが取り組むこのような最新技術に着目し、また、VRの横断的な研究開発を推進する世界の頭脳集団「World16」についても簡単に紹介します。

1 i-Constructionにも合致 IM&VRソリューション

フォーラムエイトは1980年代から、様々な土木構造物用の設計ソフトや解析・シミュレーションソフト、そして3次元バーチャルリアリティソフトUC-win/Roadなどを開発してきました。そして各ソフトは、UC-win/RoadやBIM/CIMソフトのAllplan、3DCAD Studio®といった3Dソフトと連携し、様々な製品群の中で一大ネットワークを構成しています。

CIMデータ連携の考え方

　フォーラムエイトが開発してきた各製品間のデータ連携は、構造物の建設に先立つ設計打ち合わせから、地盤の検討、設計、施工に至る建設プロジェクトの各フェーズを時間軸の面からもつないでいます。こうした製品間や建設フェーズ間でのデータ連携は、国土交通省が2012年度から始めたCIMや、2016年度から始まったi-Constructionの考え方とぴったり合うものです。

　ひと昔前までの建設業界は、CADやインターネットが使われ始めたといえ、まだまだ紙図面ベースの設計、施工が中心でした。3次元モデルやデータ連携などは"時期尚早"ということで、製品開発を行ってもなかなか日の目を見なかったこともありました。それが現在、CIMやi-Constructionの時代を迎え、フォーラムエイトの製品は、自社内だけでなく、BIMやCIM用のデータ交換標準「IFC」や「LandXML」などにより、他社ソフトともデータ連携を強化し始めました。

IM&VRソリューションを構成する製品群

　フォーラムエイトではBIMやCIMのソリューションを「IM」（アイエム、Information Modeling）と統合して呼んでおり、その結果を表示するプラッ

トフォームとして、UC-win/Roadを位置づけています。

現在、3Dモデルデータを駆使したVRやFEM（有限要素法）、構造物設計、クラウドサービスなどを展開していますが、既に1998年には3Dによる詳細配筋モデルをもとに図面まで描ける橋脚設計ソフトを開発していました。

現在のソフトでは、さらに3Dの表現力がアップされています。また、BIM/CIMのデータ交換標準であるIFC形式によって、施工用のソフトに構造物モデルを書き出す機能などが追加されており、他社ソフトとの連携も一層強化されています。

さらに、3Dプリンタやドローン、ドライブシミュレータ、そして実物の建設機械を遠隔操作するマンマシンインターフェースまで、連携は広がってきました。

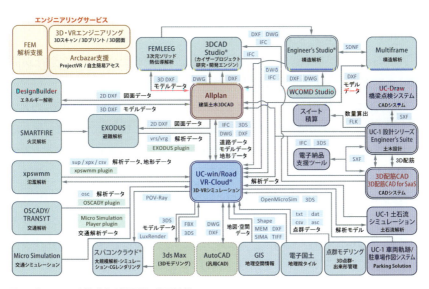

図1　「IM&VR」を構成する製品群の相互連携

2 Allplanは連携上手

Allplanは自らBIM/CIMモデリングが可能であり、階の構成や壁体の層の構成、材料の属性を持った建物のモデル、鉄筋径や曲げの属性を持った3D配筋モデルを作成することが可能です。もちろん、CAD製品や構造物設計ソフトとのデータ連携（インポート・エクスポート）、各種シミュレーションソフトに対して、IFCを含む3Dモデルデータ、図面データを提供する役割も担っています。

BIM/CIM対応ソフトAllplan

Allplanは、世界規模を誇るNemetschekグループのソフトウェア会社が開発する製品群において、最も代表的なソフトウェアです。

NemetsheckはBIMを推進する国際組織であるbuildingSMARTのメンバーであり、Allplanは複数のソフトウェア間でIFCに基づいたBIMモデルによるコラボレーションを行うためのアプローチであるopenBIMプログラムにも参画しています。

AllplanのWorkgroup Managerという機能は、LAN内の複数の作業者で、IMデータ、図面作成用のペン設定、BIMモデルのプロパティなど、オフィスで標準的に使用しているデータを共有し、チームでの作業を効率化することが可能です。FTPサーバを用意すればインターネットを介したアクセスも可能です。

また、Allplanではbim+というWebサービスを利用できます。bim+ではBIMモデルをアップロードすることで、PCだけでなくタブレット端末からでもモデルを確認することができ、断面表示、干渉チェックも行えます。Allplanだけでなく、その他のOpenBIMソリューションのソフトともBIMモデルデータを共有できます。

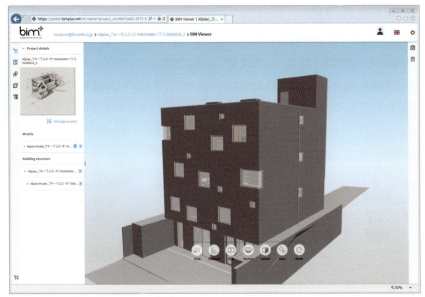

図2　Allplanで利用可能なWebサービス「bim+」

IM&VRソリューションにおける位置づけ

　フォーラムエイトではIM&VRとして、BIM/CIMのソリューションを展開しています。169ページの図1は、IM&VRソリューションのデータ連携図です。3次元VRシミュレーションソフトウェアUC-win/Roadと、BIM/CIMソフトAllplanがその中心にあります。UC-win/RoadはVRというプラットフォームにおいて、交通や騒音などのシミュレーションを自ら行うとともに、AllplanのBIMモデルをはじめとする3Dモデルを読み込み、4章で述べたような交通、避難、津波などの各種ソフトウェアで行われたシミュレーション結果を可視化するという役割を担っています。

　Allplanは自らBIM/CIMモデリングが可能であり、階の構成や壁体の層の構成、材料の属性を持った建物のモデル、鉄筋径や曲げの属性を持った3D配筋モデルを作成できます。もちろん、CAD製品や構造物設計ソフトとのデータ連携（インポート・エクスポート）、各種シミュレーションソフトに対してIFCを含む3Dモデルデータ、図面データを提供する役割も担っています。

3D配筋との連携

　UC-1シリーズ、3D配筋CAD機能を持つ製品からは、IFCまたはAllplanの鉄筋データをエクスポートできます。エクスポートしたデータはどちらも鉄筋の属性を保持したままAllplanにインポートできます。UC-1シリーズは洗練されたパラメトリックCIMモデリングツールと呼べるものですが、パラメータの設定では対応できない複雑な形状や細かな編集をAllplanで行えます。

図3　UC-1シリーズの3D配筋連携

LandXMLとの連携

　UC-win/RoadからはLandXMLでの連携が可能です。UC-win/Roadの地形データを座標値で取り出し、TINを生成、そこにテクスチャを貼り付けたり、等高線を作成できます。線形中心線もインポートされます。

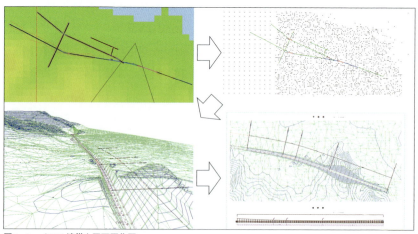

図4　LandXML連携と平面図作図

VRとの連携

Allplanからエクスポートした3DS、FBX、DOEなどのBIMモデルはUC-win/Roadに読み込み可能です。FBX、DOEで読み込むとBIMデータの構造が反映され、扱いやすくなります。

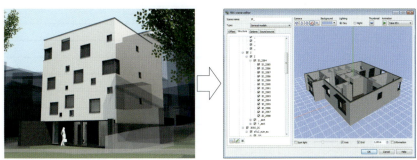

図5　UC-win/Road連携

様々なデータ交換

当然ながら、IFCを介して他社BIMソフトとのデータ交換ができます。一般的な2D図面ファイル（DXF、DWGなど）、3DPDFのエクスポート、CINEMA4D、SketchUp、Rhinocerosなど3Dモデルツールとの連携、3Dプリンタ用のSTLといったデータから、LandXMLなど土木設計に使用されるデータ、構造解析や配筋などエンジニアリングに関連するデータもカバーしています。

また、数量計算表はAllplanだけでなく、Excel、Word、PDFでも保存できます。画像ファイルもインポート、エクスポートともに可能です。

表1　Allplanでインポート、エクスポート可能なファイル形式

インポート		
分類	データ	拡張子
エンジニアリング	FEMデータ（Frilo、SCIA）	.asf
	配筋データ	.a
	CEDEUS	.sin
	橋梁、土木	.nkb

表1 Allplanでインポート、エクスポート可能なファイル形式

インポート		
分類	データ	拡張子
一般	DXF、DWG - AutoCADデータ	.dxf, .dwg, .dwt, .dxb
	DGN - MicroStationデータ	.dgn
	PDF、PDF / A	.pdf
	3D PDF	.pdf
	IFC	.ifc
	CINEMA 4D	.c4d
	SketchUp	.skp
	Rhino	.3dm
	STL	.st
	XML	.xml
	HPGL / 2プロットファイル	.plt, .hp, .hpg, .hpl, .prn
座標値、地形モデル	座標値、軸、アライメント	.re1, .reb, .re2, .asc, lin
	地形モデル、縦断、横断面	.lpr, .qpr
	LandXML	.xml

エクスポート		
分類	データ	拡張子
一般	DXF、DWG - AutoCADデータ	.dxf, .dwg
	DWF - AutoCADデータ	.dwf
	DGN - MicroStationデータ	.dgn
	PDF、PDF / A	.pdf
	3D PDF	.pdf
	IFC	.ifc
	CINEMA 4D	.c4d
	SketchUp	.skp
	RIB ITWO	.cpixml
	Rhino	.3dm
	VRML	.wrl
	COLLADA	.dae
	Google Earth	.kmz
	STL	.stl
	Universal 3D	.u3d
	HPGL / 2プロットファイル	.plt, .hp, .hpg, .hpl, .prn
	SVG	.svg
	3ds Max	.3ds

エクスポート		
分類	データ	拡張子
レポート	Excel	.xlsx
	Word	.docx
	PDF	.pdf
レイアウト属性	XML	.xml
座標値、地形モデル	座標値、軸、アライメント	.re1, .reb, .re2, .asc, lin
	地形モデル、縦断、横断面	.lpr, .qpr
物理学、熱	Kern Dämmwerk	.cdk
エンジニアリング	Frilo PLT、SC、GEO	.asc
	CEDEUS	.sin
	Bending machines	.abs
	BAMTEC	.tec

インポートとエクスポート		
分類	データ	拡張子
画像ファイル	JPEG	.jpg, jff, jtf
	TIF	.tif
	BMP	.bmp
	EPS	.eps
	TGA	.tga
	PCT	.pct
	PCX	.pcx
	PNG	.png
	PSD	.psd

Windowsインターフェイス	
データ	説明
OLE	Word, Excel, PDF
クリップボード	Allplanデータ、テキスト、ビットマップなど

3 進化し続ける技術力

フォーラムエイトの強みは、ずばり技術力です。各種ソフトの開発はもちろん、自社ソフトを駆使しての構造解析や動的解析の実力、バーチャルリアリティシステムとクラウドの連携、ドライブシミュレータやドローンなどロボティクス、そして最先端の技術情報収集まで、幅広い技術力を誇ります。

BIM/CIM、i-Constructionへの対応力

　フォーラムエイトの強みは、自社で販売しているソフトのほとんどについて、自社で新機能を追加したり、改善したりできることです。例えば、BIM/CIMやi-Constructionへの対応で特に重要なのは、ソフト間のデータ連携ですが、フォーラムエイトは中間ファイルを使ったインポート・エクスポートによるデータ交換はもちろん、ソフトのオリジナルファイル形式を使ったスムーズなデータ交換やソフト間のAPIによるリアルタイムな連携など、必要に応じた機能を追加できるのが強みです。

解析・シミュレーション力

　FEM（有限要素法）を使った複雑な構造解析や動的解析は、実物の構造物の形や挙動を想定しながら、適切に分割して入力データを作るノウハウが重要となります。フォーラムエイトの技術陣には、建設分野の技術士資格などの高度な専門性を持った人材が多く、建設コンサルタントが行っているような構造解析も実施できます。そして、ソフトのユーザーとしても機能や使い勝手を自ら検証し、さらなる製品改良につないでいくことができます。

技術情報収集力

　フォーラムエイトは国内外の大学や研究者と太いパイプを持っています。特に海外の3DやVR関連技術について、国内外の展示会への出展や定期的に開催する海外の研究者とのイベントによって、日本ではほとんど知られていない段階でキャッチすることができます。こうした活動は、先手を打った製品開発や技術開発につながります。

VR+クラウド力

　大容量のデータ処理が必要なVRを、クラウド上でスーパーコンピュータを動かしてWebブラウザで扱えるようにしたり、高画質のレンダリングをクラウドで行ったりする分野でも、フォーラムエイトは先駆者です。ユーザー自身が大規模なワークステーションを自前で持たなくても、VRを使えるようにすることで、VR活用の幅は大きく広がります。

ロボティクス活用力

　ドライブシミュレータやドローン、3Dプリンタ、プロジェクションマッピング、そして自動運転車などは、バーチャルな世界で解析、検討したデータをリアルな世界にフィードバックする上で必要な「ロボティクス技術」がその中心にあります。フォーラムエイトは単なるソフトウエア開発会社ではなく、これらの機械的なシステムとの連携にも技術力を持っています。

図6　フォーラムエイトが展開する製品と技術

4 世界の頭脳集団「World16」

建築・土木や都市計画などの分野における世界各国からの研究者によって構成されたグループ「World16」は、2008年の発足以来、様々な領域でのVR活用提案を研究・開発する「サマーワークショップ」と、その成果を発表、議論する「国際VRシンポジウム」を中心とした継続的な活動を続けています。

「World16」誕生の経緯

「国際VRシンポジウム」の契機となったのは、2007年8月のSIGGRAPH（米・サンディエゴ）で、アリゾナ州立大学の小林佳弘氏がフォーラムエイトによるVR関連の出展に参画したことでした。同氏は、当時ほとんどのVRが静的なモデルに過ぎず、交通や人間などの行動が扱われていなかった半面、それらを動的なモデルとして可視化することへのニーズが多かったことや、VR関連の様々なアイデアや技術が生まれているにもかかわらず、異なるプラットフォームに基づいているため、知識の共有や横断的な活用が難しい状況を指摘。このような背景を踏まえて、（1）交通・人間モデルを含む動的なエージェントやコンテンツを伴う新たなVRアプリの探究、（2）世界の建築・土木系学識経験者とソフトウェア開発企業とをつなぐ研究開発のための新たな枠組みの構築、（3）共通プラットフォームを使う3D都市のモデル化、可視化に関する世界的なワーキンググループ形成を柱とする構想を提示しました。

この趣旨に賛同したハーバード大学大学院デザインスクールのコスタス・テルジディス氏、バーレーン大学工学部のワーイル・アブデルハミード氏、大阪大学大学院工学研究科の福田知弘氏をはじめとする各国の研究者が集まったことが「World16」誕生の経緯だったのです。

VRの新たな価値創出を目指して

国際VRシンポジウムは、これまで、米・フェニックス（2008年）、箱根（2009年）、米・サンタバーバラ（2010年）、イタリア・ピサ（2011年）、米・ハワイ（2014年）、ギリシャ・テッサロニキ（2015年）、大阪（2016年）で実施されています。UC-win/RoadによるVRモデリングの革新、グローバルかつアカデミックなインパクトを研究およびVR市場に与えること、将来の研究可能性を追求することを目標として、UC-win/Roadを利活用するためのプロトコルやツール、新しいアプリケーションの開発が進められてきました。これらの活動から、世界的な知識の蓄積、教育と実務の協同、研究ツールと商用製品との融合といった価値が生み出されています。

ユニークかつ多様なVR活用事例

World16活動開始当初は、建築・土木や都市計画などでの利用が研究・開発内容の多くを占めていましたが、UC-win/Roadの機能拡張とともに、活用分野はめざましく広がっています。近年ではドローンをカスタマイズしたシステムによる写真撮影、点群計測から得られたデータ活用や、VRの教育利用、BIM/CIM分野での高度連携といった提案が目立っており、VRと多様なデバイスの連携による新たなビジネスモデルの可能性が期待されています。

「Drone&VR〜UAV（無人飛行体）による3Dモデリング研究」

ジョージア工科大学　マシュー・スワーツ氏

GPSで設定したフライトパスに沿って空撮した工事現場の連続写真・動画を、3Dでカメラマッチング・レンダリング処理して着色、テクスチャの付加を行うことに加えて、高解像度データのズームから歩行者の動きも詳細にトラッキングし、分析・予測に利用。最終的には地図データをUC-win/Roadに読み込んで道路を作成し、植栽や建物なども点群から再現。

「コウモリの洞窟研究におけるレーザスキャナ、VRの活用」

バージニア工科大学　トマス・タッカー氏

中国・山東省の洞窟の内部形状再現と生息するコウモリの動きを解析し、

VRで可視化するというユニークなプロジェクトを実施。マイクロCTスキャンによりコウモリの骨格を3Dモデル化し、モーションキャプチャによって飛行ルートや動作を精緻に再現している。

「インタラクティブデバイスとVRの連携事例」
　ニュージャージー工科大学准教授　楢原太郎氏
　レーザカッターやセンサなどを利用した建築分野の実務・教育で、VRやAR、ロボティクスの技術を活用。また、仮想オブジェクトに対して触覚フィードバックを与えるハプティクスをテーマとして、医療系研究チームと共同でリハビリゲームなどへの応用を模索している。

図7　第1回国際VRシンポジウム ポスター

図8　第7回サマーワークショップ イン 大阪

図9　国際VRシンポジウムでの講演（左から楢原太郎氏、マシュー・スワーツ氏、トマス・タッカー氏）

5 建設事業の総合的なサポート

フォーラムエイトが持つ総合的な技術力は、広く提供されています。建設事業を行う発注者や設計事務所のほか建設コンサルタント、建設会社などに対する総合的な技術サポート、有償・無償の技術セミナー、そしてWebサイトや広報誌「Up&Coming」でも技術情報の提供を行っています。

解析・VRシミュレーション業務

　データ作成から解析結果の処理・可視化まで一連の流れがスムーズに行え、3次元FEM解析などが手軽に行える技術サービスを提供しています。その分野は3次元バーチャルリアリティによるデータ作成やシミュレーション業務の全面的なバックアップ、構造や地盤の応力解析、熱伝導や建物エネルギー解析、交通シミュレーション、さらには洪水時の浸水氾濫解析や津波解析、設計成果品のチェック支援など、幅広くカバーしています。

リアリティモデリング業務

　BIM/CIMやVRを単なる仮想のイメージではなく、実物ありきの3Dモデルを通じて様々な検討や解析、現場へのフィードバックを行うためのサービスです。自社所有の3Dレーザスキャナによる現場の点群計測を元に、まちなみや構造物の3Dモデルを作成したり、LandXMLに書き出したりする「3DスキャンVRモデリング」がその一例です。BIM/CIMに対応した3次元CAD「Allplan」による3D・2Dの図面や設計計算書作成、配筋チェックを行う「3D図面サービス」や、自社所有の3Dプリンタで模型を作ったり、模型を活用してプロジェクションマッピングを支援する「3Dプリンティング」も提供しています。

スパコンクラウド®サービス

　スーパーコンピュータを使ったクラウドサービスにより、津波解析や風・熱流体解析、騒音・音響解析といった大きな計算が、手軽に行えるものです。必要なときに必要なだけコンピュータのリソースを利用できるので、大きな計算を行おうとしても、コンピュータへの大規模な投資が必要ありません。入力データの作成や計算の実行が難しいときは、フォーラムエイトの技術陣が解析、シミュレーションを受託サービスやコンサルティングサービスとして提供しています。

システム開発サービス

　フォーラムエイトの各種ソフトウェアを顧客向けにカスタマイズしたり、ハードウェアと連携させたりするシステムの開発サービスを提供しています。例えば、土木設計用の「UC-1」シリーズのカスタマイズや、各種3次元設計・解析ソフトやUC-win/Roadのカスタマイズ、ハードウェアとの統合システム開発、Webとの連携やクラウドシステムの開発、そしてスマートフォン用のアプリ開発などを提供しています。

技術コンサルティングサービス

　フォーラムエイトのソフト・技術サービスと、社外の専門家を融合させ、最適な各種技術コンサルティングを提供します。例えば、VRを使ったまちづくりの合意形成や、事業継続計画（BCP）、事業継続マネジメントシステム（BCMS）の構築、セキュリティ規格（ISMS）の構築、プロジェクションマッピングなどで使用する3Dコンテンツの作成、そして専門書やビジネス書の出版サービスなどがあります。

技術セミナーや広報誌による情報提供

　フォーラムエイトのホームページでは、有償・無償の技術セミナー、製品情報、テクニカルサポート情報などの専門情報を公開しているほか、メールニュースや機関誌の「Up&Coming」は、1万社を超えるユーザに様々な話題や情報を提供しています。

6 CIMワークフローに対応するソフト

CIMのワークフローは基本計画から廃棄までの長期にわたります。このとき、どの施設にも共通で考えられる項目と、ある一定の条件にあてはまる施設のみにかかわる項目に区別できます。ここでは、施設の特性に応じた適切なソフト選定の参考として、ワークフローの標準的な項目と順序を例示します。

まず一般的にCIM全体のワークフローは以下のとおりです。

図10　CIM全体のワークフロー

主な段階ごとに、以下の製品が対応しています。

測量

UC-win/Road点群プラグインや12dModelプラグインが使用できます。

概略設計

図12は、概略設計のワークフローと対応製品を表します。

ここで「現地固有条件の検討」の各解析については、特定の条件の現場で必要に応じて要求される処理です。UC-win/Roadに対応するプラグインにより、対応しています。

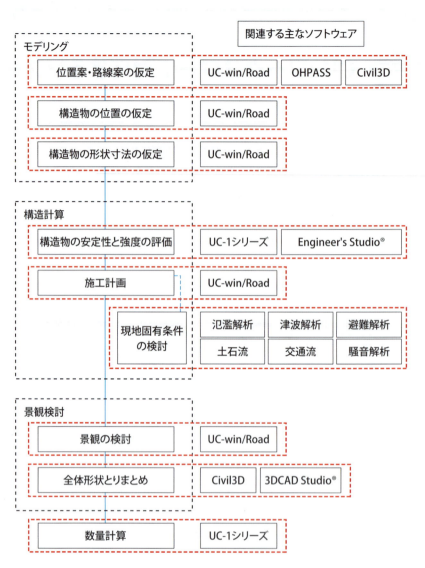

図12　概略設計のワークフロー

詳細設計

図13は、詳細設計のワークフローと対応製品を表します。

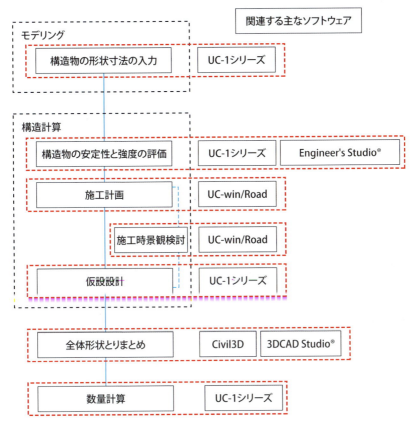

図13　詳細設計のワークフロー

ここで、「施工時景観検討」は、概略設計時と比べ施工方法に大きな変更があった場合に行われます。

その他

「検査」については、UC-win/Road 3D点群・出来形管理プラグインが、「保守管理」については、橋梁点検支援システムや橋梁長寿命化修繕計画策定支援システムがそれぞれ使用できます。

7 フォーラムエイトが広げる BIM/CIMワールド

フォーラムエイトは1980年代から、様々な設計ソフト、解析・シミュレーションソフトを構造物の3Dモデルの考え方で開発してきました。そのため、BIM/CIMのワークフローとシームレスにつながります。また、BIM/CIMをドライブシミュレータやドローン、3Dプリンタ、車の自動運転など、独自のハードウェア技術と連携させ、その世界をさらに広げる潜在力も持っています。

1980年代からの3Dワークフロー指向

　フォーラムエイトは1980年代から様々な土木構造物用の設計ソフトや解析・シミュレーションソフトを開発してきました。

　1998年には、土木設計UC-1シリーズ「RC下部工の設計・3D配筋」の前身プログラムとして「UC-win/RC」がリリースされています。これは、プロジェクト、ストラクチャ、コンポーネント単位で設計データベースを管理するプログラムで、3次元構造物の三面図および透視図、配筋状態の同時表示にも対応していました。3次元モデルをデータベース的に管理するという、現在のCIMの考え方と同様のプログラムの思想や技術は、現在リリースされているUC-1やUC-winのシリーズにも受け継がれています。

　これらのソフトは、それぞれUC-win/RoadやBIMソフトのAllplan、3DCAD Studio®といった3Dソフトと連携し、フォーラムエイト製品群の中で一大ネットワークを構成しています。

　製品間のデータ連携があることで、構造物の建設に先立つ設計打ち合わせから地盤の検討、設計、施工に至る建設プロジェクトの各フェーズをシームレスにつないでいます。

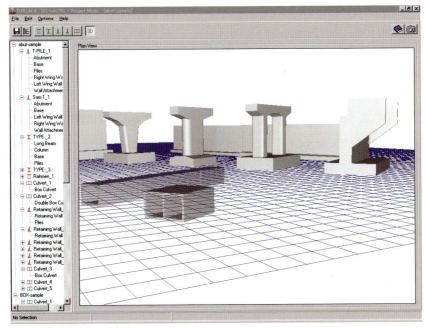

図14　1998年にリリースされたUC-win/RC

図15　建設フェーズをシームレスにつなぐように各ソフトのデータが連携している

　こうした建設フェーズ間でのデータ連携は、国土交通省が2012年度から始めたCIMや、2016年度から始まったi-Constructionの考え方とぴったり合うものです。

　これは偶然ではありません。フォーラムエイトの経営陣は、BIMやCIMという言葉ができるはるか以前の1980年代から、構造物を3Dモデルで設計

し、データをつないでいくという建設ワークフローを想定し、製品開発にもこのような思想を持って臨んできたからです。

ソフトを裏方で支えていた3Dモデル

例えば、橋脚や擁壁などの設計計算を行う「UC-1」シリーズのソフトは、ソフトの内部では構造物を構成するコンクリートや鉄筋などの3D形状や寸法を表現していました。そして材質などの属性情報とともに設計計算を行い、構造物の図面を自動作成するという機能を1980年代から実現していました。

もともと各ソフトの内部で3Dモデルが構築される仕組みになっていましたが、これまでの建設業界では、成果品として設計計算書や2次元図面しか求められなかったため、3Dモデルはソフトのバックヤードに隠れているだけでした。

当時のバージョンには、CGパースのような立体的な表現機能こそありませんでしたが、現在のBIM/CIMソフトと同様に「3Dによる表現」「図面の作成」「設計計算」という3要素を持っていたのです。

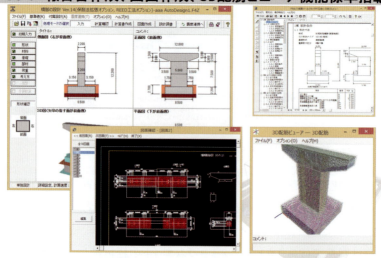

図16 フォーラムエイトの伝統的土木設計ソフトUC-1シリーズ。BIM/CIMソフトと同様に3Dによる表現、図面作成、設計計算が行える

BIM/CIM時代に合ったデータ交換機能

　ひと昔前までの建設業界は、CADやインターネットが使われ始めたとはいえ、まだまだ紙図面ベースの設計、施工が中心でした。3次元モデルやデータ連携などは"時期尚早"ということで、製品開発を行ってもなかなか日の目を見なかったこともありました。

　それが現在、BIM/CIMやi-Constructionの時代を迎え、各ソフトが内蔵している3Dモデルを、IFC形式などのデータで書き出せるようにしました。ソフト自体はもともと3Dモデルでの計算処理機能を持っていたので、BIM/CIMへの対応はデータ入出力のために機能拡張を行っただけにすぎないともいえます。

　一般のBIM/CIMソフトでは3Dモデルを作ってから、そのデータを解析、シミュレーションでいかに利用するかが課題となっていますが、フォーラムエイト製品は、その逆に設計計算や解析からスタートしているので、作成されたBIM/CIMモデルは、すでに設計をクリアした副産物として得られるのです。

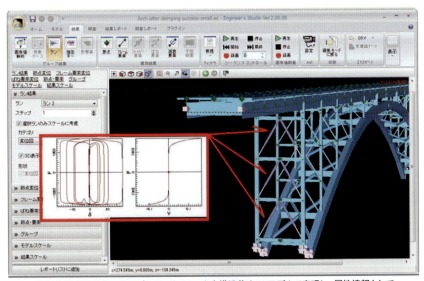

図17　動的非線形解析「Engineer's Studio®」。土木構造物を3Dモデルで表現し、属性情報として非線形の材料特性を内蔵し、動的・静的な構造解析を精密に行える

ハードウェアとの連携で広がるBIM/CIM

　フォーラムエイトはUC-win/Roadをドライバー教習や運転者の行動研究に使うため、運転席からの視界を立体視でリアルに表現するための技術開発を行ってきました。

　このほか、国内外の3D技術などの研究者集団「World16」のメンバーとともに、ドローンの自動飛行による空間計測や、ゲーム用デバイスを使ったリアルタイムの3Dスキャン技術、クラウドやスマートフォンアプリによるインフラ施設活用などの世界最先端技術の研究開発を進めています。

　こうした海外との技術開発体制により、ドライブシミュレータやHMD（ヘッドマウントディスプレイ）、ドローン（無人飛行機、UAV）、3Dプリンタ、3Dレーザスキャナ、さらには車の自動運転などのハードウェアとの連携にも独自の技術を持っています。

　フォーラムエイトは、BIM/CIMモデルをこれらのハードウェアと連携させ、現実空間にフィードバックすることで、BIM/CIMの世界を広げていく潜在力も持っているのです。

あとがき

　フォーラムエイト社が取り組んできたVRに代表されますコンピュータグラフィックの歴史は、今から50年以上さかのぼった東京オリンピックが開催された頃にアメリカ、マサチューセッツ工科大学リンカーン研究所のアイバン・サザーランド博士が開発した、2次元対話型図形処理システムが始まりといわれています。

　さらに1960年代後半にはアメリカ国防省の肝いりで、戦闘機の設計を主たる目的にした2次元製図システムCADAMがロッキード社によって開発され、パッケージシステムとして外販が始まり、機械系CADのデファクトスタンダードとして世界的に活用が始まりました。

　米国においては、1970年代に入り3次元CADの開発が始まり、3Dワイヤーフレームに始まり、1980年代初頭には3Dサーフェイスへと発展し、有名なCATIA、Unigraphicsが市場を拡大していきました。

　さらに1990年代中頃からは3Dソリッドモデルの開発が行われ、Autodesk、Solidworksなどの製品が、EWS（エンジニアリング・ワークステーション）、パーソナルコンピューターの飛躍的な高速化と相まって、幅広く利用されるようになりました。

　このように、CADシステムは航空機産業がトップランナーを務め、自動車産業が次に続き、その他の製造業を含めて発展を遂げてきました。

　CADの普及とともに設計製造部門におけるCADデータの活用に留まらず、企業レベルでの設計データの共有、部門をまたがった全社レベルのビジネス連携を図るべく、設計→試作→解析→評価→製造→販売→保守までの一気通貫でのデータ共有、さらにはデータ共有による同時並列的な複数のラインでの開発による生産性の飛躍的向上などが実現され、いわゆるコンカレントエンジニアリングを可能にしたPDM（Product Data Management）、PLM（Product Lifecycle Management）とよばれるトータルソリューションシステムが導入されるようになってきています。

　一方、航空機、自動車、機械、電機産業などに後れをとってきた建築・土木業界においても、2D/3DCADの導入が進み、VRへの取り組みも始まってきています。

　また、PLM的な考えのもとに、建築領域でのBIMへの取り組みに始まり、建設分野でのCIMへの取り組みが開始され、さらに、これらを統合した

i-Constructionへの取り組みが始まりましたが、これらは本書が述べているところでもあります。

フォーラムエイト社は、今から30年も前に日本企業としていち早く、建築・土木業界に向けて、主として国内市場をターゲットとした自前のパッケージ開発に着手し、大変厳しい事業環境をも克服して、今日BIM/CIMへの取り組みを始めとして実績を重ねてきました。

同社の顧客中心主義経営への取り組み実績は高く評価されており、2015年度、2016年度と連続してCRMベストプラクティス企業（主催：一般社団法人CRM協議会）に選定されています。今後はさらにベタープロダクト、ベターサービス企業として進化を遂げていくものと期待しています。

さて、情報通信の発展はIoT、ビッグデータ、AIに代表されますように、ますます高度化してまいります。建築・土木業界をはじめ、全ての業界がこの波に立ち向かわなければなりません。またこの波は世界規模で全ての業界や市民生活などに大きな変革（デジタル・トランスフォーメーション）をもたらすことになり、第四次産業革命の到来ともいわれています。

このような背景のもと、フォーラムエイト社が、BIM/CIMユーザの皆様とともにさらなる挑戦を続けていくことを願っています。

2016年11月吉日
株式会社コラボ・ビジネス・コンサルティング 代表取締役
元NEC 代表取締役副社長
川村　敏郎

あとがき

　建設業界に入って最初に与えられた業務は現場測量でした。かなり古い話で恐縮ですが、当時の高速道路建設には世界銀行からの支援があり、そのために道路の設計データは世界共通ということで、詳細な図面はなく、数値データとして提供されました。位置情報もXYZ座標で表示されており、このデータを現場で構造物が施工できるように、いわゆる丁張りを設置する必要がありました。

　当時は、こういった数値データから施工図面を作成するのは施工者の役割であり、もちろん丁張りには高さも必要なことから、この数値から構造物をイメージするために、図面起こしに大変な精力を使ったことが思い起こされます。学生時代に測量は履修しましたが、座標から図面起こしなどはなく、せいぜい図学の中で、烏口で図を描いたくらいでしたので、実学の厳しさを味わったものでした(1970年代の話)。

　その後も建設業界でいろいろな経験をしてきましたが、1990年代初期から業者数の増加もあり、建設業の労働生産性が下降をたどり始め、肌身にその厳しさが伝わってきました。一方で、製造業などの生産性は上昇し続けており、1993年には労働生産性で建設業が負ける統計が発表されたことから、その理由を真剣に検討したものです。

　私なりの結論として、製造業での技術力が飛躍的に伸びてきたこと、即ち製造過程の自動化で建設業との大きな差が付いたことではないかと推定し、建設業での自動化へのチャレンジを始めたものでした。

　大きな背景として、パソコンが個人的にも入手できるようになったこと、製造業では3D CADが普及し、設計と製造が一体化してきたことなどが挙げられます。

　こういった流れの中で、建設業の中にも技術開発としてIT化の流れが出始め、建築分野で2005年頃からBIMが話題に上がり、急速に使われ出したのが2009年といわれています。そこから2009年がBIM元年、さらに3年遅れの2012年をCIM元年(本書15ページ)といわれています。

　このBIM/CIMの何がいいのか、ということについて見ると、かつての3次元CADから3次元のプロダクトモデルへの変化構築をしたことであるといえます。この変化によって、生産性のみならず今後飛躍的な変化が期待できます。

　構築物の完成形を作成することは設計の基本であり、BIM/CIMにおい

ても当然の前提ですが、本書で示されるコンセプトは、各種ソフトウェアとの連携により、建設分野全体を見据えた展開を目指している、ということにつきます。

　私が期待する大きな変化は二つあります。

　一つは既に本書でも紹介されている各種災害対応ソフトとの連携による、具体的な設計への反映です。特にCIMを使用するものが、川の流れに例えれば、設計の上流での考え方を把握できること、それにより実際に具体化する下流側での対応が検討できること。これがシミュレーションにつながる、いわゆるVR(Virtual Reality)を利用した可視化へとつながる。

　本書を読むと、特に津波解析や土石流解析、避難解析などとの連携が構造物を作るという面からのアプローチだけでなく、減災という観点へとつながる展開が大きく期待できるという点で、一ソフトハウスの領域から飛び出した、新しい概念の企業が生まれるのではないかといった期待があふれてくる。

　もう一つの期待される変化は、BIM/CIMによって構築されるプロダクトの集合体としてのデータベースの構築です。BIM/CIMには属性データが入るということで、今後、そのデータの中に時間軸を導入していただきたい。特に土木構造物では各種の疲労データがあり、その変遷も理解できる範囲で把握できることから、端的にいうと「この橋はいつ取り替えるの」といった質問に対応できるCIMになってほしい。

　現時点のVRではなく、将来にわたってのVRといったCIMを通じてのコンセプトの構築をお願いした。これは2007年のミネソタの橋梁崩壊事故時点で調査団に参加したこともあり、我が国の橋梁データベースから、そういった崩壊の可能性を探る試みを行ったが、残念ながら見つけられなかった。

　そういった経験から、進化するBIM/CIM技術の中に時間軸を入れた4次元データベースの構築にチャレンジしてほしい、といったことが、本書を読む中で未来を描ける、期待にあふれる本になっていることに、大いに感謝いたします。

2016年11月吉日
一般社団法人 道路・舗装技術研究協会 理事長
稲垣　竜興

索引 index

記号・数字

3DCAD Studio®	25
3DS	67
3Dプリンタ	41
3D点群・出来形管理プラグイン	29
3D配筋	88
3D配筋CAD	25
Allplan	21,26,93,170,181
Arcbazar	161
Arcbazar+ProjectVR	30
BIMマネージャ	69
CFD	105,112
CGパース	12
CINEMA4D	173
DEM	99
DesignBuilder	26,47,104
DWG	67,173
DXF	67112,173
Engineer's Studio®	27,91,93
Engineer's Suite積算	25
EXODUS	110
EXODUSプラグイン	28
FBX	173
FEM	53
GeoFEAS Flow3D	27,94
HVAC	102
i-Construction	16,168,176,187
ICT（情報通信技術）	16
IFC	64,88,110,171
IFCプラグイン	29,54
LandXML	66,96,172
Rhinoceros	173
SDNF	93
SkechUp	173
SXF	98
UAVプラグインオプション	29,145
UC-1シリーズ	25
UC-win/Road	27,141
VR-Cloud®	30,152
xpswmm	75
xpswmmプラグイン	28

ア行

維持管理	50,146
ウォークスルー	32
運転シミュレーション	134
エネルギー解析	46,102

カ行

火災解析	110
風・熱流体解析	123
風解析	136
環境アセスメント	160
干渉チェック	35
クラウド	81,161
合意形成	81
洪水解析	115
構造解析	23,52
交通流	77

サ行

砂防施設	83
自主簡易アセス	156
自主簡易アセス支援サイト	30
地すべり解析	100
自動運転	138
地盤解析	94
車両軌跡作図	125
車両軌跡作図システム	26
情報化施工	16
浸透流解析	94
数量計算	55
スパコン	123,137,182
スマートハウス	48
図面間の整合性	12
積算	56
施工管理	148
施工シミュレーション	36,61
設計の可視化	19
属性情報	9,13
騒音解析	50,108
騒音シミュレーションプラグイン	28

タ行

駐車場作図システム ・・・・・・・・・・・・・・・・・・・・ 26
駐車場設計 ・・・・・・・・・・・・・・・・・・・・・・・ 128
津波解析 ・・・・・・・・・・・・・・・・・・・・・・・・ 72,117
デザイン・レビュー・クラウド ・・・・・・・・・・・・ 152
点群計測・・・・・・・・・・・・・・・・・・・・・・・・・・ 141
点群モデリングプラグイン ・・・・・・・・・・・・・・・ 29
動的解析 ・・・・・・・・・・・・・・・・・・・・・・・・・ 91
道路橋示方書 ・・・・・・・・・・・・・・・・・・・・・・ 88
土石流解析・・・・・・・・・・・・・・・・・・・・・・・・ 119
土石流シミュレーションプラグイン ・・・・・・・・・ 29
ドライブシミュレータ ・・・・・・・・・・・・・・・・・ 132
ドライブシミュレータプラグイン ・・・・・・・・・・ 28
土量計算・・・・・・・・・・・・・・・・・・・・・・・・・・ 150
ドローン（UAV）・・・・・・・・・・・・ 16,143,179,190

ナ行

日影シミュレーション ・・・・・・・・・・・・・・・・・・ 38
日照計算・・・・・・・・・・・・・・・・・・・・・・・・・・ 40
熱流体解析 ・・・・・・・・・・・・・・・・・・・・・・・ 23

ハ行

バーチャルリアリティ ・・・・・・・・・・・・・・・・・・ 59
ハプティクス・・・・・・・・・・・・・・・・・・・・・・・・ 180
反射光シミュレーション ・・・・・・・・・・・・・・・・ 157
避難解析 ・・・・・・・・・・・・・・・・・・・・・・・・・ 110
プロジェクションマッピング・・・・・・・・・・・ 44,140

マ行

模型・・・・・・・・・・・・・・・・・・・・・・・・・・・・・ 42

ラ行

緑視率計算・・・・・・・・・・・・・・・・・・・・・・・・・159
流体解析連携プラグイン ・・・・・・・・・・・・・・・・・28
レーザスキャナ ・・・・・・・・・・・・・・・・ 18,179,190
ロボティクス ・・・・・・・・・・・・・・・・・・・・・・・177

ワ行

ワークフロー ・・・・・・・・・・・・・・・・・・・・・・・ 183

■参考文献

2章

- 家入龍太：CIMが2時間でわかる本，日経BP社，2013.
- 家入龍太：これだけ!BIM（これだけ!シリーズ），秀和システム，2014.
- クリス・アンダーソン（著），関美和（翻訳）：MAKERS-21世紀の産業革命が始まる，NHK出版，2012.
- フォーラムエイト：Up&Coming'13 秋の号　最新3Dプリンタ事情，2013,
  http://www.forum8.co.jp/topic/hardware102.htm
- 経済産業省資源エネルギー庁：「エネルギー基本計画」（平成26年閣議決定），2014.
- 竹内昌義，森みわ：図解 エコハウス，エクスナレッジ，2012.
- 家入龍太：図解と事例でわかるスマートハウス，翔泳社，2013.
- 慶應義塾大学SFC研究所 慶應型共進化住宅開発実証研究コンソーシアム：
  コエボハウス慶應型共進化住宅開発実証実験研究，2015,http://coevohouse.sfc.keio.ac.jp/
- 一般社団法人buildingSMART Japan：分科会活動−構造−，
  http://www.building-smart.jp/meeting/structure.php
- buildingSMART：IFC4 Add2 - Addendum 2 [Official],
  http://www.buildingsmart-tech.org/ifc/IFC4/Add2/html/link/introduction.htm
- 国土技術政策総合研究所：次元設計データ交換標準 情報提供サイト，
  http://www.nilim.go.jp/lab/qbg/jyouhou/bunya/cals/information/index.html
- 矢吹信喜：CIM入門，理工図書，2016.
- LandXML.org：LandXML Home　http://www.landxml.org/
- Dominik Hozer：THE BIM MANAGER'S HANDBOOK, WILEY, 2016.

4章

- 野池政弘：省エネ・エコ住宅設計究極マニュアル 増補改訂版，エクスナレッジ 2014.
- 竹内昌義，森みわ：図解 エコハウス，エクスナレッジ，2012.
- 家入龍太：これだけ!BIM（これだけ!シリーズ），秀和システム，2014.
- DesignBuilder Software Ltd　：DesignBuilder ウェブサイト，http://www.designbuilder.co.uk/index.php

6章

- NPO地域づくり工房：自主簡易アセス支援サイト，
  http://assessment.forum8.co.jp/assessment/php/vrSimulation.php
- 傘木宏夫：環境アセス&VRクラウド，フォーラムエイトパブリッシング，2015.
- Arcbazar：http://jp.arcbazar.com/
- Arcbazar：Obama Presidential Center
  http://jp.arcbazar.com/public-building-design/project/
  　　zhu-wenyi-atelier-obama-presidential-center-united-states-illinois-chicago
- Arcbazar：TAKANAWA HOUSE Facade Design
  http://jp.arcbazar.com/facade-design/competition/takanawa-house-facade-design-japan-tokyo
- Arcbazar：TAKANAWA HOUSE Landscape Design
  http://jp.arcbazar.com/frontyard-backyard-design/competition/
  　　takanawa-house-landscape-design-japan-tokyo
- Arcbazar：FORUM8 HQ Showroom Interior Renovation
  http://jp.arcbazar.com/retail-small-business-design/competition/
  　　forum8-hq-showroom-interior-renovation-japan-tokyo-2

監修：家入龍太（いえいり りょうた）

IT活用による建設産業の成長戦略を追求する「建設ITジャーナリスト」。BIM/CIM、3次元CAD、情報化施工などの導入により、生産性向上、地球環境保全、国際化といった建設業が抱える経営課題を解決するための情報を「一歩先の視点」で発信し続けている。「年中無休・24時間受付」で、建設・IT・経営に関する記事の執筆や講演、コンサルティングなどを行っており、関西大学非常勤講師として「ベンチャービジネス論」の講義も担当。
URL：http://ieiri-lab.jp/

執筆：フォーラムエイト

創業以来ソフトウェアパッケージ開発技術を基盤として、土木・建築設計や交通・自動車研究を支援するソリューションを幅広く提供し、VR技術を基盤とした様々なシステムインテグレーション、受託開発を得意とするエンジニアリング・ソフトウェア・カンパニー。なかでも3次元リアルタイムVRソフトUC-win/Roadでは、ドライビングシミュレータ、3Dステレオ、デジタルサイネージといったVRシステム構築、BIM/CIMを支援する「IM&VRソリューション」、クラウドとの連携など、最先端の技術を積極的に展開している。
URL：http://www.forum8.co.jp

BIM/CIMワールド 〜BIM/CIMモデル活用を広げる最新技術〜

発行日	2016年12月22日　初版発行
監修	家入龍太
執筆	株式会社フォーラムエイト
発行人	和田　恵
発行所	株式会社日刊建設通信新聞社
	〒101-0054　東京都千代田区神田錦町3-13-7
	名古路ビル本館2階
	TEL 03-3259-8719　FAX 03-3233-1968
	http://www.kensetsunews.com
印刷製本	株式会社シナノパブリッシングプレス
ISBN	978-4-902611-72-4

●落丁本、乱丁本はお取り替えします。
　本書の全部または一部を無断で複写、複製することを禁じます。